腿型回正

改變10萬人の不瘦痛直腿密技！

日本骨科權威名醫 **笠原巖** 著

只要走路平穩，就能使腿型回正！

最近，「在意O型腿的人」、「因為O型腿問題嚴重而苦惱的人」有激增的趨勢。其實，有80％的亞洲人是O型腿，到底原因為何？

關於原因的說法眾說紛云，有人說是因為亞洲人習慣盤坐的關係，也有人說O型腿是一種體型特徵。

這些固然都是原因，然而隨著時代改變、生活型態的變化，現代人平均身高也增高，較少O型腿，擁有美麗腿型或曼妙身材的人也變多了。

可是，現在依舊有許多人因O型腿而苦惱，有O型腿困擾的人數增加，也是不爭的事實。為何生活環境相同，有人腿型美麗，有人卻是O型腿呢？

答案就在「位於人體底座的腳底」。現在，「腳趾凸起」、「拇趾外翻」等腳底異常的人數急速增加，因而導致O型腿人數變多。

一旦腳趾凸起或拇趾外翻，就會偏向腳後跟的某一側，導致趾尖無法施力，膝蓋也會過度反弓。

持續以這樣的姿態走路，腳尖會朝外側，變成「扭曲步行」。其實，看一個人有沒有「扭曲步行」，就知道他有沒有O型腿。

一直以來盛傳錯誤的資訊「骨盆歪斜」、「不良姿勢」是導致O型腿的原因，於是大家便有了「O型腿無法根治」的先入為主觀念。

請仔細想想。對人類而言，最優先該做的事，如何與重力保持平衡。要維持重力平衡，腳底扮演非常重要的操控角色。

總之，人體底座的腳底狀態異常，才是導致O型腿的原因。此外，骨盆歪斜、姿勢不良、腿粗等原因，也跟腳底有關。

「扭曲步行」導致的O型腿就是小腿脛外側肌肉、大腿肌肉過於發達，以及下半身肥胖的原因。

O型腿除了造成膝蓋痛，也是髖關節或骨盆歪斜，背骨歪曲、脊椎側彎的導因。

除了以上症狀，還會導致顳顎關節症候群、頸部異常、肩頸僵硬引發頭痛，也是暈眩、便祕、腹瀉、懼冷症、生理痛等自律神經失調的隱藏性原因。

就好比，當我們的家傾斜，很自然地就會覺得要從地基予以修復，從人體的地基、腳底治療O型腿，才是根本之道。

笠原巖

目錄

第2章 解密！原來90％的脊椎病症和腿不正有關！
——認識腿型不正的五大原因和身體警訊！

第3章 公開！每天兩動作，O型腿、X型腿都能自癒！
——骨科權威名醫教你，調整「腳底平衡」＋「紗布繃帶固定法」，矯正完美腿型！

第5章 警告！腿型歪斜的12大罪狀，讓你全身都痠痛！

——膝蓋疼痛、腰痛、臉歪嘴斜都跟腿型不正有關！

第1章

小心！腿一歪，身體就會出問題！

1 不正腿型有五種，「你是哪一種？」

根據調查，現代東方女性每三人就有一人是腿型不正。在我診間每天都有許多O型腿患者來看診。如果連尚未察覺自己是O型腿的人也算在內的話，實際情況是每三人就有兩人以上有O型腿症狀。

你可能會感到驚訝，有人未察覺自己是O型腿，那麼，認定自己腿不直到底是什麼樣的狀況呢？

當你筆直站立時，腳尖與雙腳內側的小腿併攏時，腿卻朝外張開約十度，左右膝蓋內側無法貼合，這就是腿不正、不直。

換言之，不管雙腳是否併攏，膝蓋頭朝外張得很開，腰至腿之間呈現O字形，因為看起來就像英文字母的O，所以取名為「O型腿」。

根據資料統計，其實東方人有80%都符合以上要件，尤其O型腿可以說是日本人最感困擾的事。

所以，我幾乎找不到雙腿筆直的人，就算是身材好的模特兒，也為腿歪所苦。其實腿型不正除了常見的四種O型腿之外，另一種異常腿型為「X型腿」。一共有五種狀況。

第一種是膝蓋以下小腿無法併攏的「膝蓋以下O型腿」，第二種是髖關節張開的「髖關節O型腿」，第三種是人數最多、膝蓋以下與髖關節張開的「膝蓋以下與髖關節O型腿」，第四種是就算膝蓋併攏，但膝蓋以下和髖關節都張開的「XO型腿」，最後一種是常見於外國人的「X型腿」。

依據我四十年以上的治療經驗，本書將O型腿及X型腿區分為五種。並以每個類型的原因及症狀都不同，將依序詳細說明。

五種不正的腿型

膝蓋以下與
髖關節 O 型腿

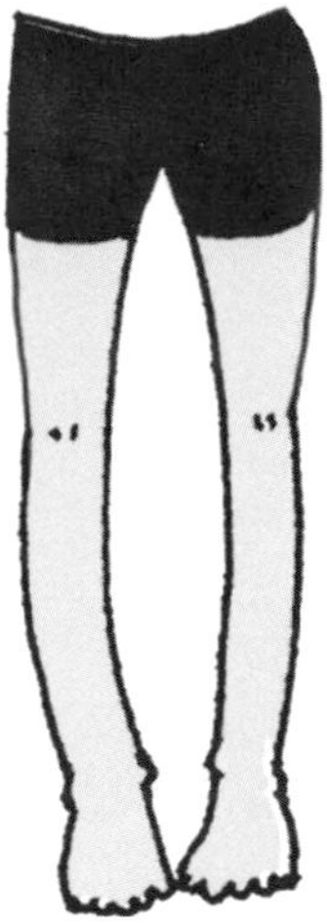

髖關節 O 型腿

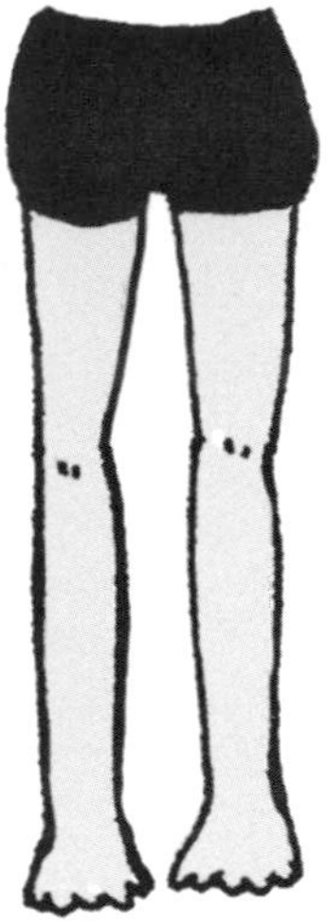

膝蓋以下 O 型腿

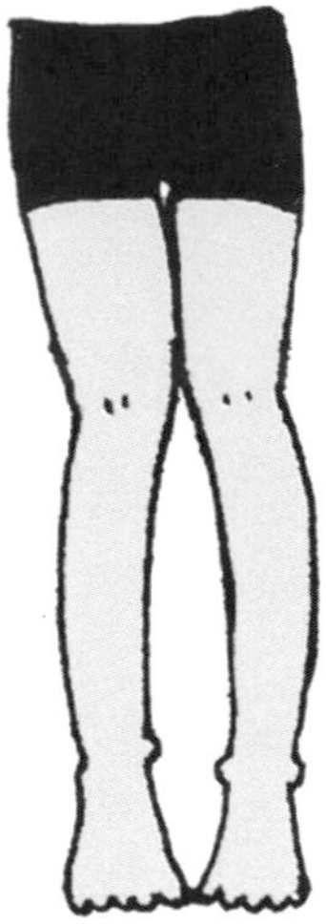

X 型腿

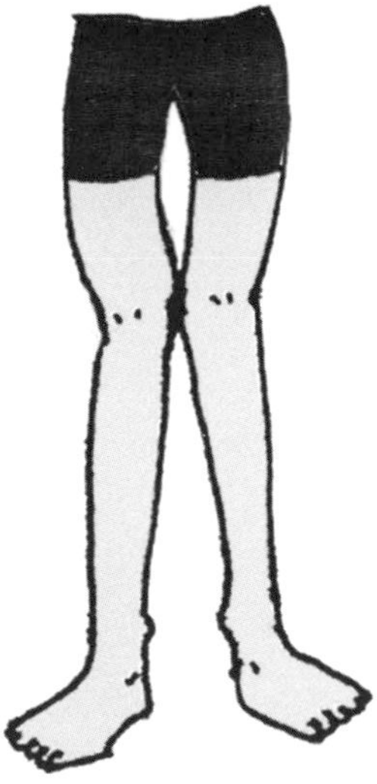

XO 型腿

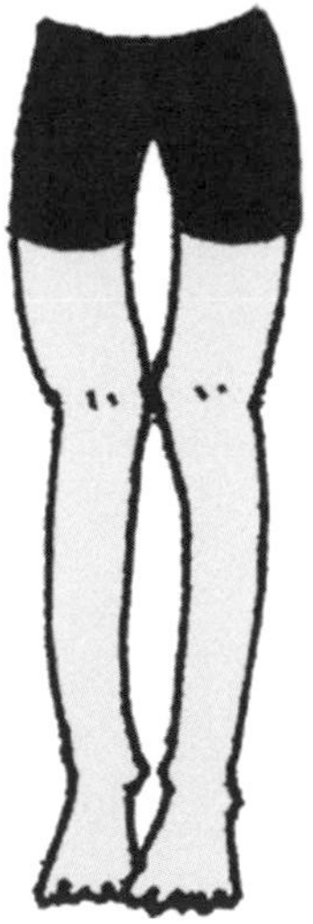

2 「膝蓋以下O型腿」的人，小腿外側會突出，囤積多餘脂肪而變胖！

女人天性愛漂亮，每天都會站在鏡子前好幾次，檢視自己的儀態。因此，女性應該也最瞭解自己的雙腿正不正；一般來說，O型腿因歪斜角度不同，區分為不同種類。

如果雙腳張開角度小，應該不太能自覺，若是放任不管，症狀會逐漸惡化，最後導致身體不適。

因此，絕對不能因為症狀輕微而不在意，但也不能有反正治不好，乾脆放棄的想法。只要瞭解腿不正的個別種類及原因，並且冷靜處理，一定能治好。

我常常看見有人就算大腿貼合，雙膝以下與小腿就是無法併攏在一起。這就是所謂的「膝蓋以下O型腿」。

這個類型的O型腿特徵是，膝蓋外側的「腓骨」往外側偏移而凸出，可以自己碰觸看看，就會知道是往外凸出。一旦是這樣的情形，小腿脛外側便容易囤積多餘肌肉及脂肪，變成腿脛外側發達的蘿蔔腿。

此外，當所有腳趾朝腳背屈曲，腿脛肌肉會隆起，出現肌肉疙瘩，這也是此類型O型腿的特徵。

一旦出現肌肉疙瘩，肌肉會變僵硬而疲倦，腿脛會處於緊張狀態，腿會容易累與浮腫。因為腿脛一直處於緊張狀態，只要走多一點的路，就會覺得累。

此外因為腳趾沒有完全貼地，走路時腳尖會朝外跑，變成「扭曲步行」，扭曲走路時所造成的壓力，正是導致腿不正的根本原因。

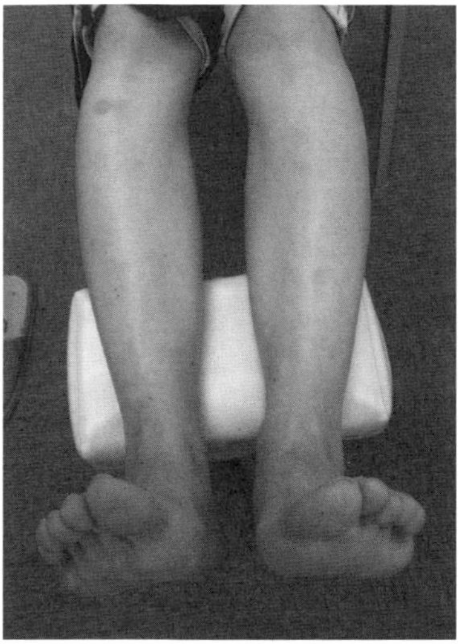

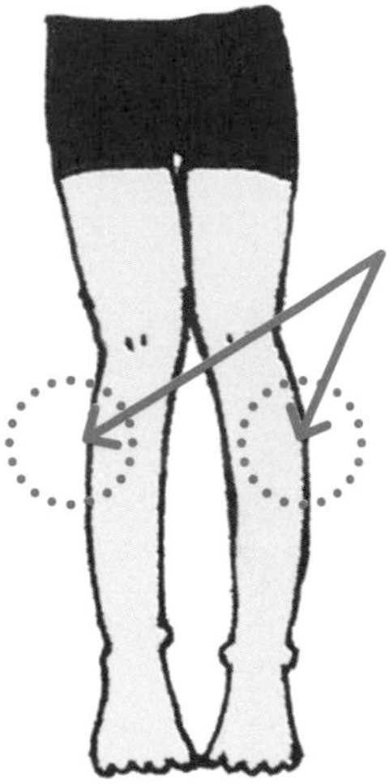

一旦「拇趾外翻」、「腳趾上翹」，腳趾就無法整個貼合地面時，走路的時候腳尖會朝外側，變成「扭曲步行」！扭曲步行會導致腿脛外側囤積多餘肌肉，為了不讓肌肉疲勞，便會囤積脂肪，於是腿脛外側會變胖！

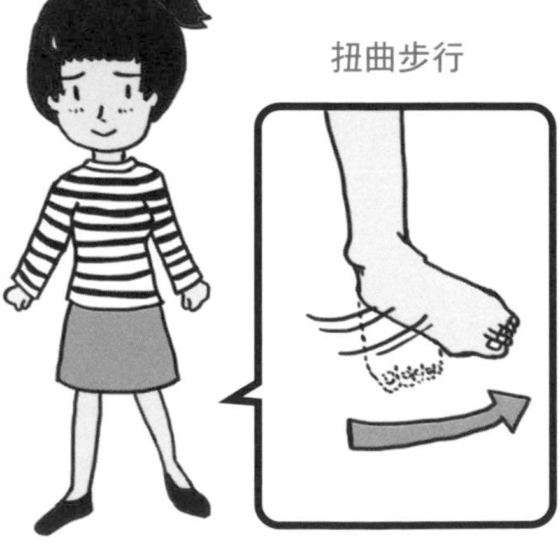

（左下）因為腳趾無法貼合地面，走路時腳尖會朝外側，於是腿脛外側的肌肉特別發達。

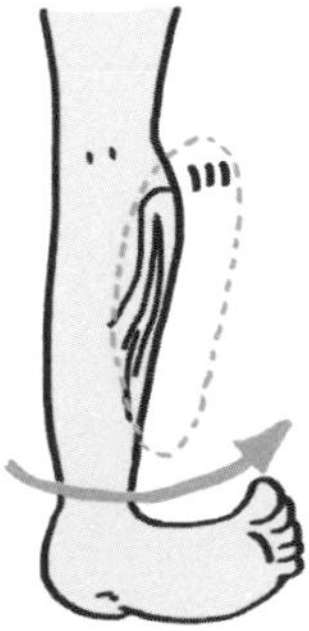

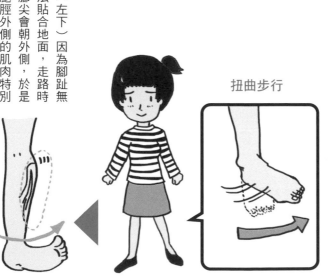

3 「髖關節O型腿」的人，髖關節會向外突出，臀部寬大！

第二種是「髖關節O型腿」。正面照鏡子時，雙股之間是張開的，而且呈現縱長的「コ」字形。

雙腳併攏、筆直站立時，骨盆以下的「大轉子（大腿根部的骨頭）」是凸出的。

在意身材的女性，會非常在意這個問題，事實上為這個問題感到困擾的女性也不少。

因為膝蓋反弓過度，造成「反弓膝蓋」，再加上「扭曲步行」，壓力蔓延至髖關節，大轉子就變凸出。結果，大腿骨與髖關節的接合部分鬆弛，大轉子就從髖關節朝外側偏移。

而且，大腿和臀部肌肉也一樣朝外凸出，往兩側變胖、下垂。尤其女性會透過大腿或臀部的力量來支撐不穩的腳底，脂肪便容易囤積於臀部，加上重力影響，多餘囤積的脂肪（贅肉）會下垂。

髖關節O型腿的人容易腰痛、肩頸僵硬，而且腸胃功能虛弱，體型偏瘦。特徵是無法張開腿。不過，為了讓偏移凸出於外側的髖關節大轉子回歸原位，必須勤做開腿運動，在運動時，讓胸部貼近地板，除了改善髖關節O型腿，還能緊實大腿及臀部肌肉，解決惱人的腰痛問題。

擔心自己是否也是髖關節O型腿的人，可以將雙手叉腰，確認大轉子是否凸出於骨盆外側。

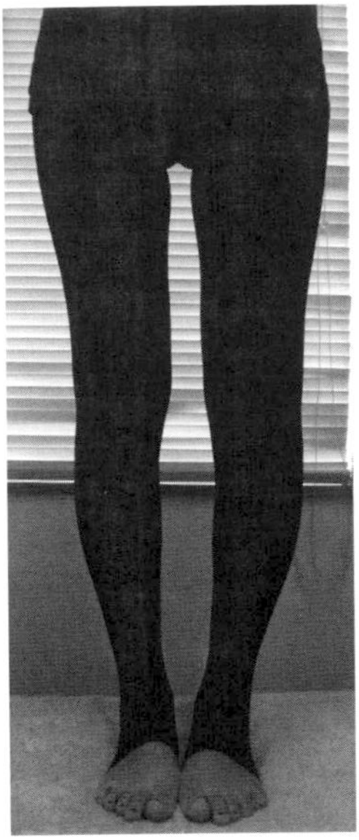

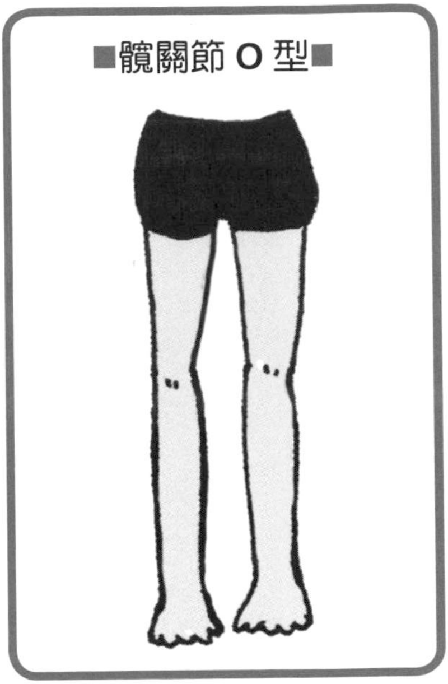

一旦大轉子（大腿根部骨頭）偏移，骨盆會歪斜、張開，就算身體瘦，但是臀部和骨盆周圍會變大。

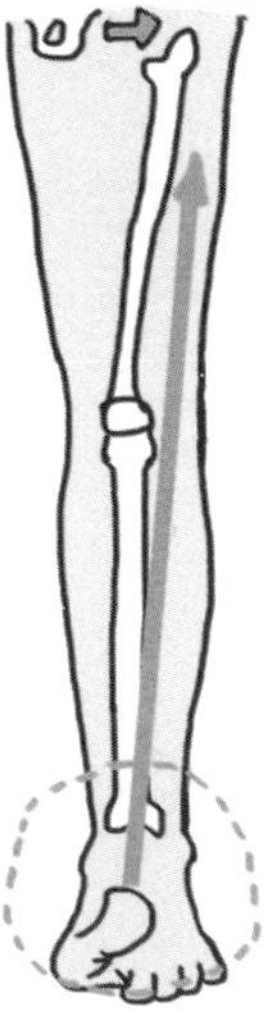

當「腳趾上翹」，尤其大拇趾朝腳背反弓90度以上的話，就會變成扭曲步行，大轉子便會朝外側偏移，形成「髖關節O型腿」。

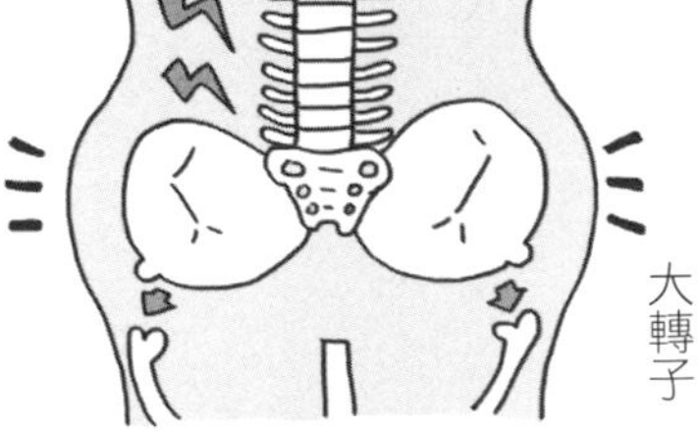

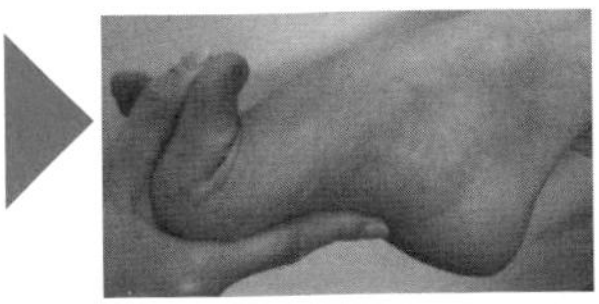

4 無法靠攏的「膝蓋以下與髖關節O型腿」，會讓下半身整個變胖！

第三種是膝蓋以下O型腿與髖關節O型腿都有的「膝蓋以下與髖關節O型腿」。這個情況是腳尖併攏站立時，大腿、雙膝、小腿之間都是張開的狀態。

所有O型腿中，以這個類型的人數最多，年齡層從年輕到老年都有。最近人數有激增現象，這是因為腳拇趾外翻、腳趾上翹等腳底不穩症狀，以及膝蓋過度反弓的「反弓膝蓋」患者變多的關係。

當拇趾外翻或腳趾上翹導致腳底不穩時，腳趾無法撐開貼地，重心會偏移至腳後跟，使得膝蓋過度反弓，變成「反弓膝蓋」。加上走路時變成腳尖朝外的「扭曲步行」狀態，扭曲的壓力會倍增，害得腳整個張開，這就是「膝蓋下方與髖關節O型腿」。

膝蓋下方與髖關節O型腿的人，整個下半身的平衡感會變差，小腿脛、大腿、臀部必須輔助支撐，導致下半身囤積多餘肌肉和脂肪，因而變胖。

最後因為肌肉疲勞，使得血液循環變差，淋巴循環停滯，腿就容易疲累、浮腫。

髖關節是連結上半身與下半身的「關鍵之鑰」，具有重要功能。當O型腿導致髖關節歪斜，也會對於上半身造成不良影響。男性有O型腿的話，會引發腰痛，女性則會頸部痠痛，還會出現頭痛、肩膀僵硬、暈眩等不適症狀，最好及早治療。

這類型的O型腿會無法大幅度的張開雙腿。於是，骨盆也會因歪斜的髖關節變歪斜，內臟也會下垂，變成腹部突出或直筒腰身材。

大腿與小腿脛都承受壓力，於是變粗！

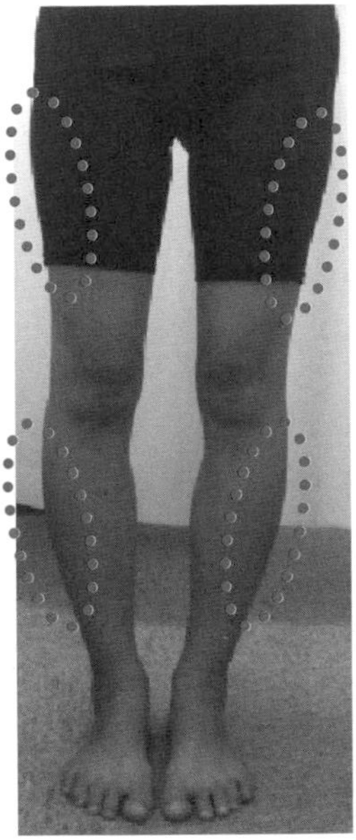

■膝蓋以下與髖關節O型腿■

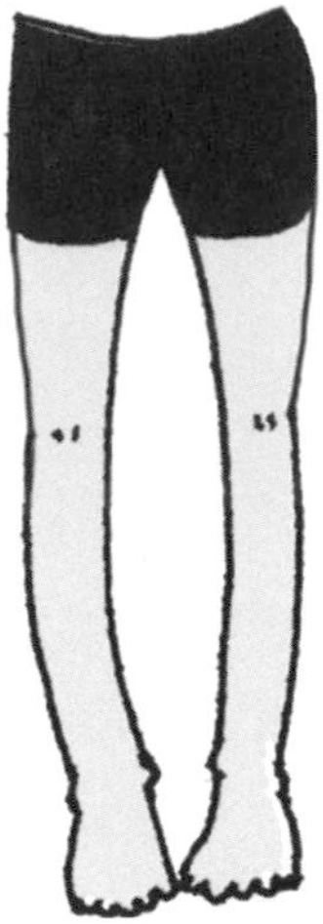

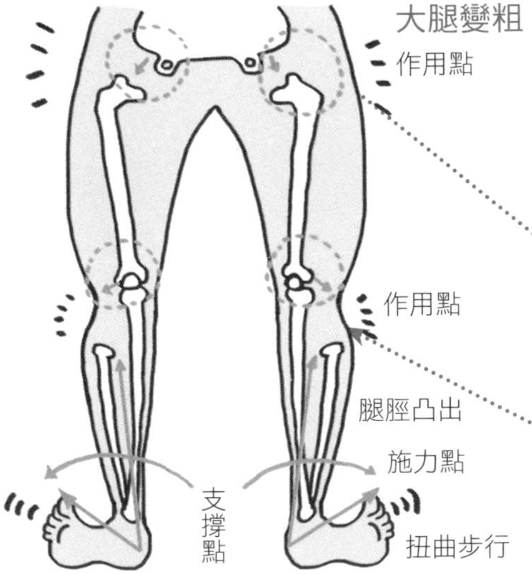
大腿變粗！
作用點
作用點
腿脛凸出
施力點
支撐點
扭曲步行

因為扭曲步行，導致膝蓋外側的「腓骨」與髖關節外側的骨頭「大轉子」朝外凸出。

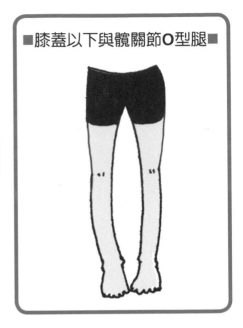

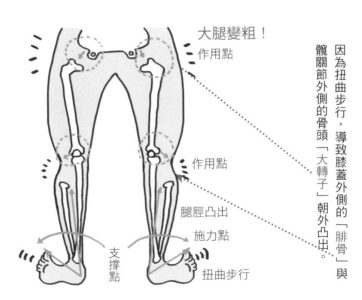

5 膝蓋貼合的「XO型腿」的人，臀部及大腿肌肉會異常發達！

第四種是「XO型腿」。雖然雙膝貼合，可是大腿內側與小腿內側卻無法貼合，處於張開狀態。這類型常見於年輕女性，膝蓋內側的肌力特別強。

XO型腿特徵是大腿與臀部外側、膝蓋外側異常發達，顯得粗胖。這種人臉蛋小，身體也纖瘦，唯獨大腿與臀部、膝蓋外側異常粗壯。這種體型以歐美人士最常見。

XO型腿的人也容易有拇趾外翻、腳趾上翹等腳底不穩的問題。

腳底不穩，腳趾便無法撐平貼地，腳尖會朝外側移動，變成「扭曲步行」。這種情況下，大腿內轉肌群內側會過於緊實，導致膝蓋下方外側的腓骨朝外偏移凸出，相反地，膝蓋頭則朝內傾，走路變成內八字。

當膝蓋再朝內傾，上面的大腿根部骨頭大轉子會大幅朝外凸出，臀部和大腿也因此被拉扯，而往外凸，變得粗壯。

髖關節是連結上半身與下半身的重要之鑰，當髖關節歪斜，位於上方的骨盆及腰椎也會變歪。於是，走路時產生的過度衝擊力道與扭曲感就會不斷投射於上半身，引發腰痛、頸部僵硬、肩膀僵硬、頭痛、暈眩等不適症狀。

XO型腿的問題不只攸關美觀，還會危及健康，千萬疏忽不得。

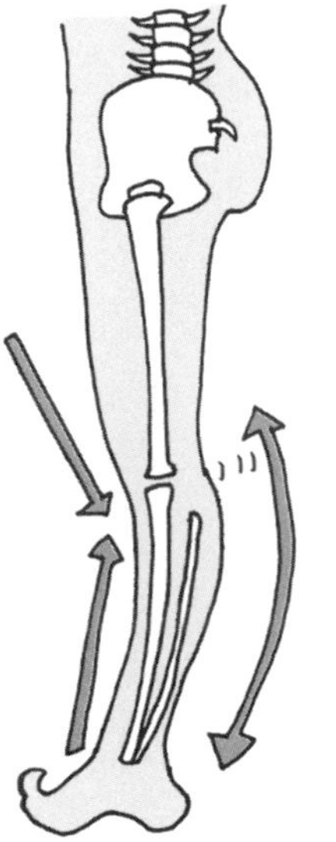

因為膝蓋過度反弓，變成「反弓膝蓋」。

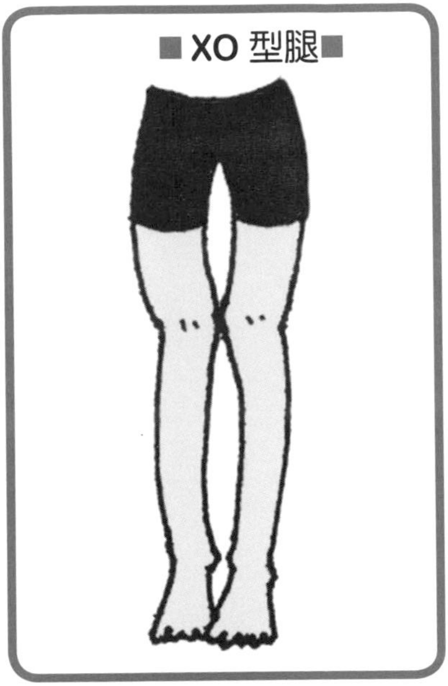

【XO 型腿特徵】

・走路內八字，常見於年輕女性
・駝背，腰反弓
・雙膝靠攏，但是大腿與小腿卻呈張開狀態
・膝蓋窄細，小腿脛外側粗壯
・膝蓋頭朝內傾
・大腿與臀部囤積多餘脂肪及肌肉，變胖

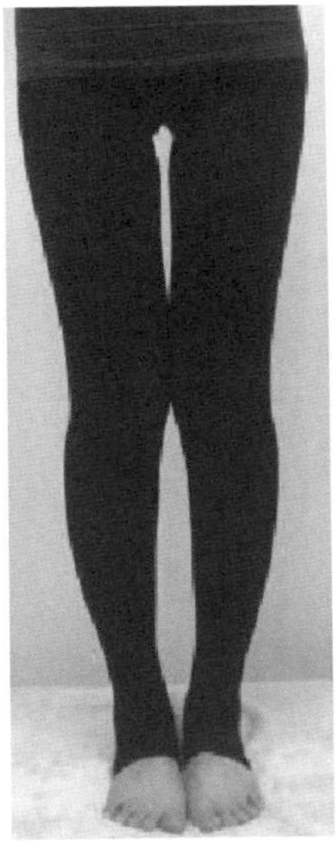

XO型腿

6 膝蓋靠攏時，腳會呈「X型腿」的人，上半身會變胖！

第五種是「X型腿」。筆直站立時，雙膝靠攏，但是膝蓋以下卻呈「八」字型張開。跟「XO型腿」一樣，這是歐美人常見的體型。因為重心偏於內腳踝，常會變成腳底朝外的「外翻扁平足」，結果腳趾無法撐平貼地，腳尖朝外，走路變成「扭曲步行」。

X型腿因為上半身支撐不穩的腳底，所以體型特徵是腿很細，但上半身很壯。

膝蓋伸直時，會變成「反弓膝蓋」，走路時，因膝蓋無法抬高，鞋底內側會磨平。而且，膝蓋重心會集中於外側。X型腿也會有拇趾外翻、腳趾上翹等腳底不穩的問題，每走一步，都會因為來自地面的過大衝擊力及扭曲破壞力落在膝蓋外側，容易造成膝蓋外側疼痛。尤其長時間穿著高跟鞋走路時，扭曲的壓力加劇，導致膝蓋或小腿外側疼痛，甚至發麻。

拇趾外翻或腳趾上翹的話，腳底重心會偏向前、後、左、右、上下任一方，變得不穩。輔助不穩腳底的肌力強弱有別，因而形成O型腿或X型腿，加上扭曲步行，讓腿型歪斜特徵更為明顯。

總而言之，導致腳底不穩的拇趾外翻或腳趾上翹，都是O型腿或X型腿的隱性原因。

譬如，左右失衡的外翻足（腳底朝外翻），因為大腿內側肌肉要用力施力，容易變成X型腿。內翻足（腳底朝內翻）使大腿外側肌肉要用力施力，容易變成O型腿。

一旦是X型腿，因為上半身要協助支撐不穩的腳底，上半身會變胖。

X 型腿

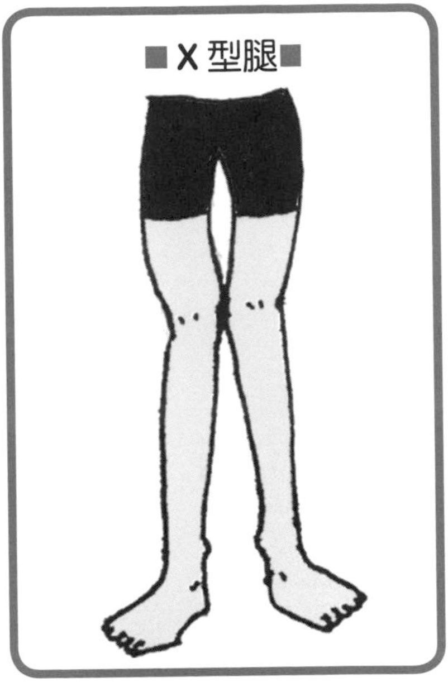
■X 型腿■

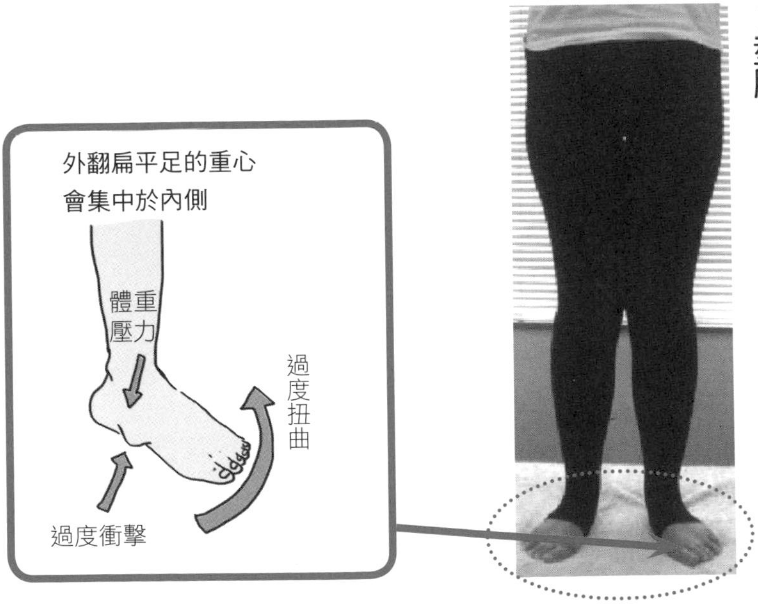
外翻扁平足的重心
會集中於內側
體重壓力
過度扭曲
過度衝擊

X型腿

7

腿不直會讓體型變醜，還易導致腿浮腫及懼冷症！

O型腿的不良影響不是只有外表儀態不佳，還容易堆積脂肪變胖。因O型腿導致下半身歪斜時，脊椎最上部的頸椎也必須協力支撐，最後連脖子也會變歪。

當頸部歪斜，就會出現肩頸僵硬的問題，自律神經作用失調，毛細血管緊繃，引起血液循環不良，出現嚴重懼冷症。

而且，就如前所述，O型腿會導致髖關節、膝關節歪斜、變形，周圍肌肉也會處於緊繃狀態。

髖關節和膝關節各有重要的淋巴節分布。O型腿會妨礙淋巴節的正常作用，同時恐怕也會導致血液循環停滯。結果，雙腿就會水腫。

拇趾外翻或腳趾上翹的話，腳趾無法撐平貼地，走路會變成扭曲步行，小腿脛會承受過度的壓力，出現肌肉疙瘩，於是囤積多餘肌肉，變硬而緊繃，最後肌肉疲勞。這就是腿水腫和懼冷症的原因。

一般說來，血液流量約有七成滯留於人體下半身（下肢），必須活動雙腿及關節，才能讓血流順暢。

一旦腿水腫，血液循環就會逐漸停滯，出現懼冷症。

懼冷症的人即使是夏天，腳也是冰冷的，若是氣溫低的冬季，會非常不舒服。嚴重的懼冷症就算裹著好幾條棉被或毛毯，還是覺得冷，甚至冷到痛而睡不好，每天晚上沒有泡澡溫暖身體的話，根本無法入眠。

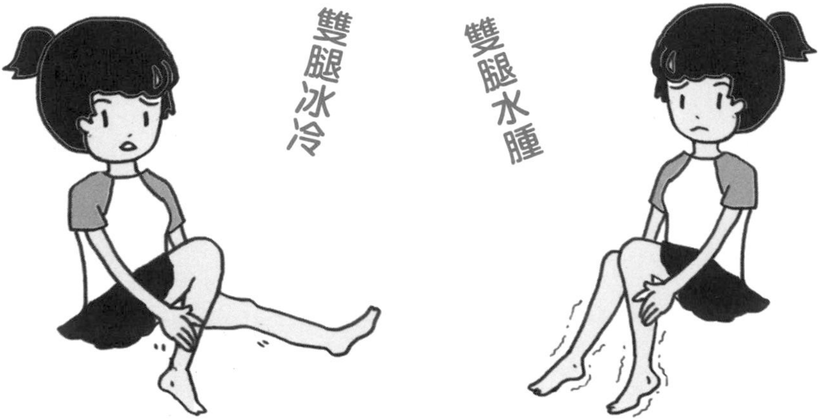

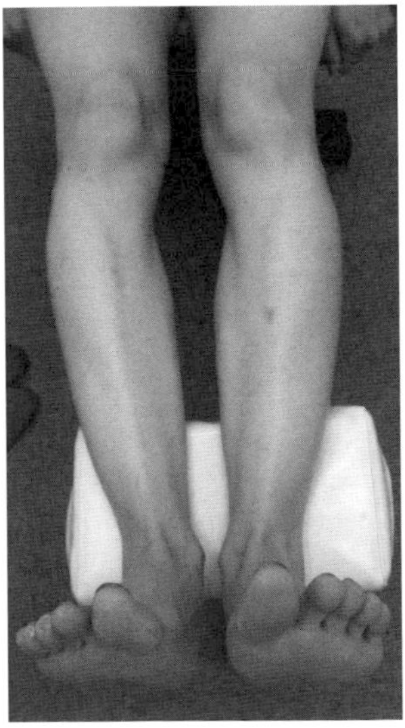

▼三十歲女性（腳趾凸起、膝蓋以下O型腿）

【症狀：小腿靜脈腫脹、水腫、肩膀僵硬、頸部僵硬、足頸性憂鬱狀態】

如果是髖關節O型腿，當髖關節歪斜，骨盆也會歪斜，腰部會承受多餘壓力。於是壓迫坐骨神經，導致整隻腳血液循環不良，同時雙腿水腫、怕冷。

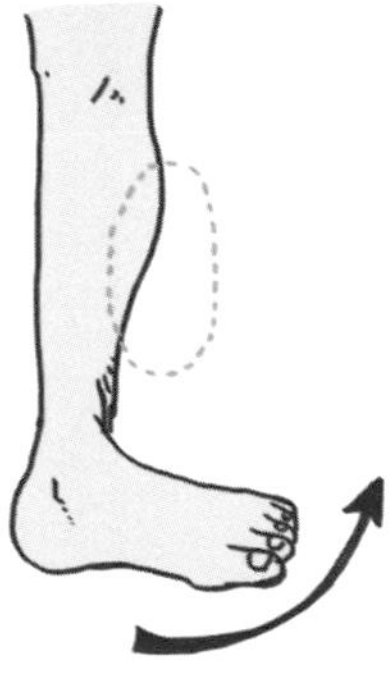

腳趾無法撐平貼地，變成扭曲步行，跟膝蓋以下O型腿一樣，小腿脛緊繃，因血液循環不良而水腫。

8 腳底不安穩，竟會導致靜脈瘤及肥胖紋！

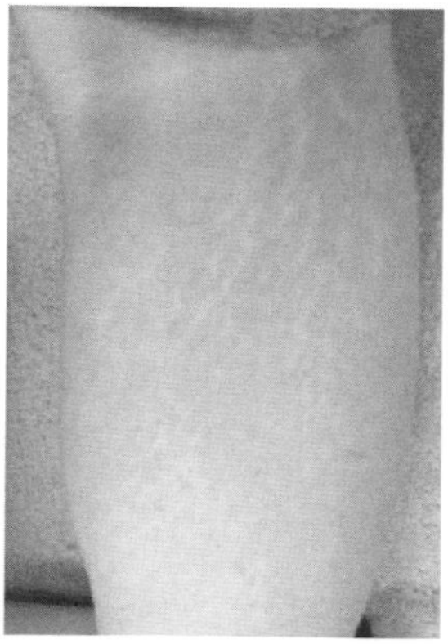

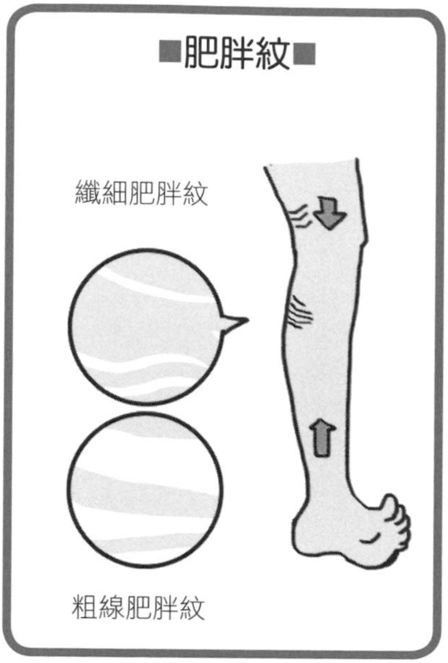
■肥胖紋■
纖細肥胖紋
粗線肥胖紋

使用因腳趾上翹、拇趾外翻而不穩的腳底行走或運動時，會讓肌肉承受過度的負擔而形成肥胖紋。

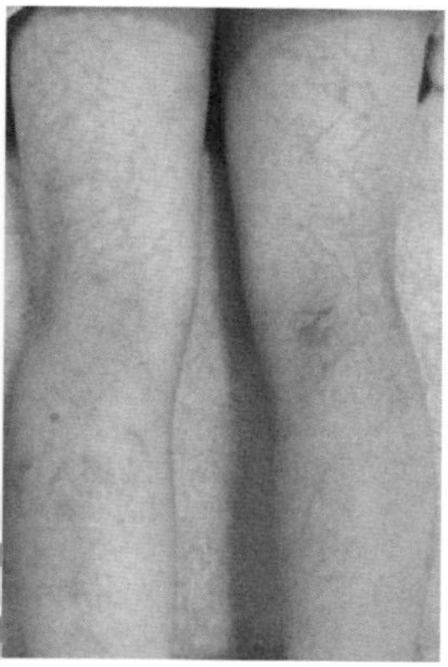

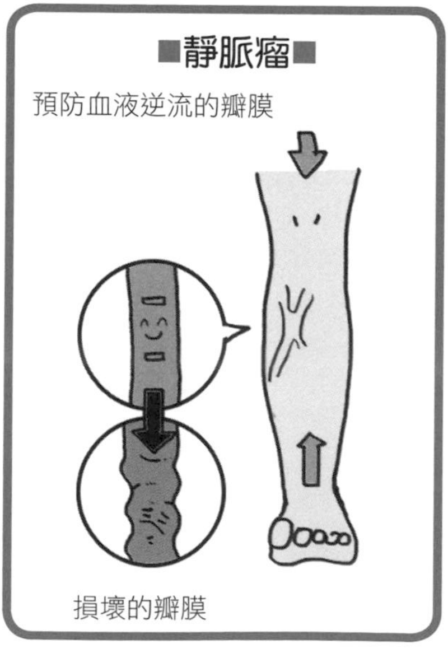
■靜脈瘤■
預防血液逆流的瓣膜
損壞的瓣膜

使用因腳趾上翹、拇趾外翻而不穩的腳底走路，小腿脛、小腿、大腿等肌肉會承受過度負擔，於是肌肉變硬，血管承受的壓力也提升，於是造成瓣膜毀損。

罹患靜脈瘤的話，腿部血管會出現拳頭般的腫塊，腳會有抽筋、水腫、易累、皮膚變色、發癢等症狀。

靜脈有著防止血液逆流的瓣膜附著，瓣膜功用是防止血液因抵擋不了重力，而往下逆流。當這個防止逆流的瓣膜毀損，血流就會不順，引發瘀滯現象，血液囤積於腿的下方，靜脈出現拳頭般腫塊。

當以下兩個原因同時出現，嚴重者就會引起「靜脈瘤」。

第一個原因是拇趾外翻或腳趾上翹，導致腳趾無法撐平貼地，重心會偏移至腳後跟。當重心偏移至腳後跟，走路時來自地面的過度衝擊力及扭曲壓力無法被吸收消化，力道會不斷投射於腰部。

於是，腰椎變形，壓迫坐骨神經，讓功能變差，下半身血液循環不佳（瘀滯），血管承受的壓力變大。

其次是拇趾外翻或腳趾上翹，導致腳趾無法撐平貼地，大腿和小腿的肌肉承受的壓力會加劇。於是，肌肉疲累、變硬，血管承受的壓力變大，使得瘀滯狀況更嚴重，俗稱「靜脈曲張」。

當這兩個原因同時出現，輸送至心臟的血液循環作用會失衡，防止血液逆流的瓣膜毀損，血管就會膨脹，出現靜脈瘤。

此外，膝蓋後側、小腿、大腿肌肉會出現數條白色橫紋，這就是肥胖紋，臀部、腹部及背部也會出現肥胖紋。

因為腳趾上翹或拇趾外翻導致腳底不穩，小腿脛和小腿肌肉必須協助支撐，所以出現肥胖紋。這是突然長時間走路或經常站立，等於在短時間多次給予肌肉負擔，肌肉會突然變發達，出現白色紋路。

總之，當肌肉承受的壓力過度加劇，為了因應緩解，就會出現防禦反應。

9 扁平足的O型腿讓身材沒有曲線，變成直筒腰！

扁平足會讓體型變成直筒矮胖型

扁平足導致腿變粗

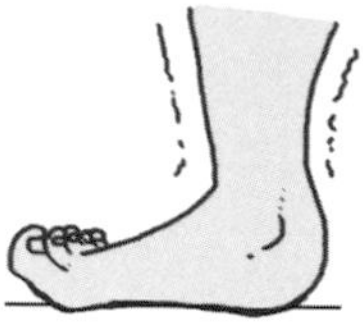

腳底足弓
幾乎消失的扁平足

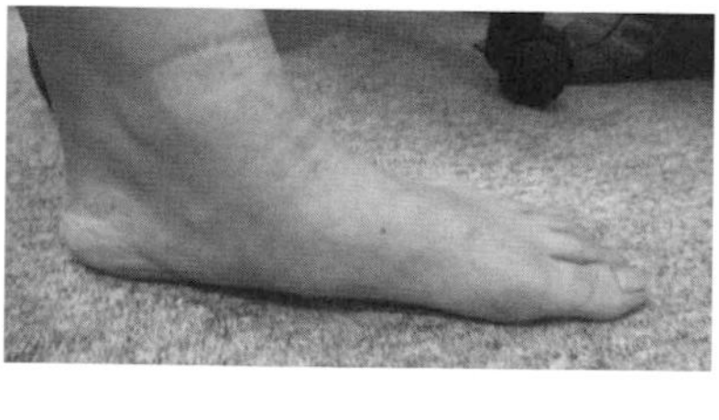

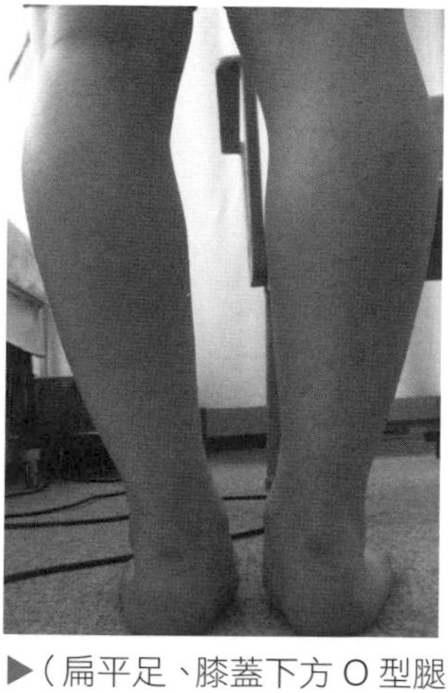

▶（扁平足、膝蓋下方 O 型腿）
二十歲女性

最近女性族群中，為扁平足及O型腿所苦的人變多了。至於直筒矮胖的體型，大家也不會想到會跟扁平足或O型腿有關，但事實上彼此關係密切。這些症狀都與腳底不穩互為因果關係。

因扁平足而腳底不穩，腳趾無法施力，足弓功能會消失，變成整個腳底拖著地走路。因此，就會變成腳尖朝外的「扭曲步行」，最後變成O型腿。

於是，整個腳底更為不穩，最後導致身體重心也不穩，走路就會搖搖晃晃。

結果，人體會本能地想維持平衡與穩定，就會對背部、軀體、臀部、大腿等肌肉過度施力，肌肉也因此更為發達。

為了不讓這些部位的肌肉感到疲倦，變得容易囤積脂肪，這就是身材矮胖或直筒身材的原因。

不過，當扁平足、拇趾外翻、腳趾凸起導致腳底狀況異常，足弓功能喪失的話，趾尖會凸起，腳尖會往前移，體重壓力也會落於內腳踝，導致無法踏步前進走路。

無法踏步的話，腳底當然會變得不穩，身體重心會偏於一邊，身體基於本能，會讓肌肉處於緊繃狀態，以確保平穩。

因為我們人類本來就是在重力的影響下生活著。

人類活在地球上，最優先的事就是與重力保持平衡狀態。人體中，腳底是主要的重力平衡司令官。

於是，能與重力保持平衡的部位會變纖細，失衡的部位則會變得粗壯。

女性肌力本來就比男性差，更容易為重力所影響，而變成扁平足或矮胖直筒身材。

10

自我檢測「腿不正的程度」！

檢測五種腿歪斜的程度

■ 膝蓋以下 O 型腿檢測

1 小腿脛外側有多餘肌肉囤積，變得粗壯……YES · NO
2 膝蓋外側的骨頭（腓骨）凸出……YES · NO
3 腳尖朝腳背彎屈，小腿脛肌肉隆起……YES · NO
4 走路時，腳尖總是朝外側偏移……YES · NO
5 走太多路後，腿容易水腫，小腿脛也容易腫脹、疲累……YES · NO

■ 髖關節 O 型腿檢測

1 髖關節外側的骨頭（大轉子）比骨盆凸出……YES · NO
2 身體過瘦，但髖關節凸出……YES · NO
3 相較於身體，大腿和臀部顯得特別胖……YES · NO
4 膝蓋過度反弓，變成「反弓膝蓋」……YES · NO
5 骨盆歪斜，無法開腿運動……YES · NO

■ 膝蓋與髖關節 O 型腿

1 腳尖並攏站立時，雙膝和大腿、小腿是張開的……YES · NO
2 膝蓋外側的骨頭（腓骨）與髖關節外側的骨頭（大轉子）凸出……YES · NO
3 膝蓋過度反弓，變成「反弓膝蓋」……YES · NO
4 鞋底的腳後跟外側部位總是走路走到削平，膝蓋內側會痛……YES · NO
5 下半身肥胖……YES · NO

■ XO 型腿

1 雙膝雖然貼合，但是大腿與小腿之間卻是張開的……YES · NO
2 膝蓋頭朝內，走路變內八字……YES · NO
3 小腿脛外側肌肉發達，變粗壯……YES · NO
4 駝背且腰部反弓……YES · NO
5 大腿與臀部囤積多餘肌肉和脂肪，變胖……YES · NO

■ X 型腿檢測

1 筆直站立時膝蓋會並攏，但是雙腳卻呈「八」字形張開……YES · NO
2 走路時，雙膝會碰撞……YES · NO
3 重心偏移至內腳踝，導致腳底朝外，變成「外翻扁平足」……YES · NO
4 鞋底腳後跟內側削平，膝蓋外側會痛……YES · NO
5 相較於上半身，下半身顯得胖……YES · NO

腿不直的人，身體也會出現各種不適症狀。當腳底失衡，就跟O型腿一樣，身體脊椎會歪斜（移位）。

因此，就會引發膝蓋痛、腰痛、脖子痛，嚴重的話，頸部異常會演變為自律神經失調，引發頭痛、暈眩、腸胃不適、便祕、腹瀉、懼冷症、無力感、疲倦感等各種症狀。

此外，身體為了支撐不穩的腳底，雙腿外側會特別出力，導致多餘肌肉囤積，下半身變胖。

因此，希望大家明白一件事，腿不直不只是影響儀態而已，也會對身體健康造成負面影響。

最近還發現有人因腳底不穩，引發憂鬱症。

為了與一般的憂鬱症有所區別，我稱這種憂鬱症「足頸性憂鬱症」，也是近年來患者有增加的趨勢。

大家都認為，一般的憂鬱症導因在於心理問題或工作壓力，然而事實上，這類型的憂鬱症患者只佔整體的一成而已。

剩下的九成是因為足部和頸部異常，引起的足頸性憂鬱症。

當腳底異常導致腳底不穩，頸部也會施力維持平衡，於是導致頸部異常，自律神經作用失調等問題。

換言之，自律神經失調的症狀當中，有一種會演變為足頸性憂鬱症。

所以，為腿不直苦惱的人，慢慢地就會覺得身體不適，不希望情況惡化的話，請及早自我檢查，給予適當治療。

因此，我於這個單元列出五種腿歪斜程度檢測表，請大家仔細確認。

11 腿不正的根本原因就是「腳趾上翹」與「拇趾外翻」！

■拇指外翻的定義■

大拇趾朝小指方向彎曲角度超過15度以上。如果30度以上，就會對身體產生不良影響。

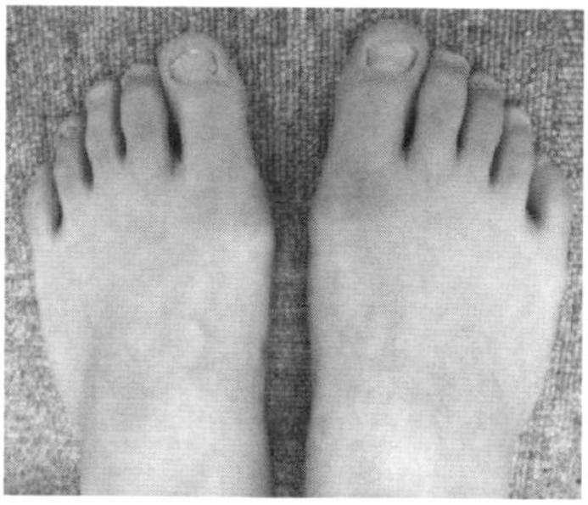

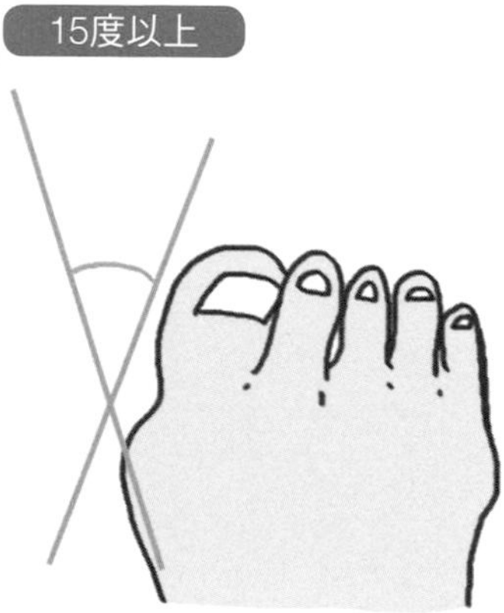

■腳趾上翹的定義■

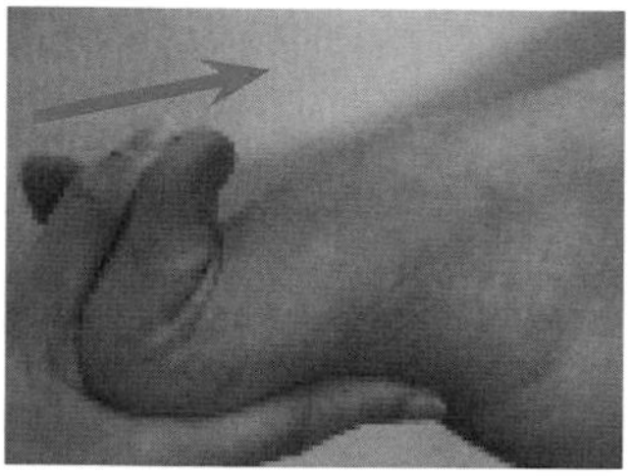

大拇趾能反弓90度以上的人，就是腳趾上翹！請參考上圖，使用大拇指和食指檢查。

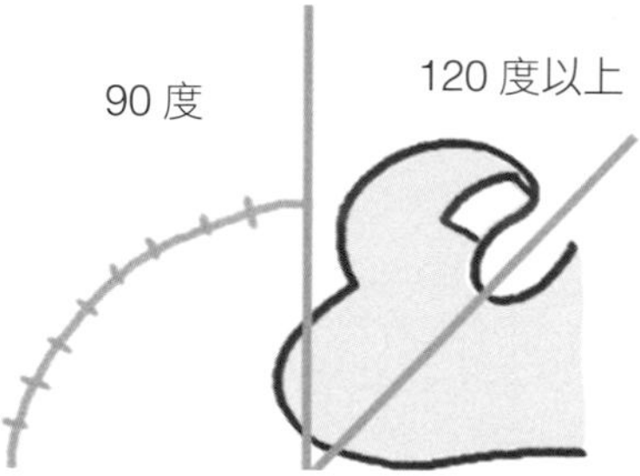

腿型不正的人除了會覺得膝蓋痛、腰痛、脖子痛等身體不適外，還會導致雙腿水腫及下半身肥胖。原因在於腳底異常，讓足弓無法發揮功能。人體腳底共有四種足弓──①深橫足弓、②橫足弓、③外縱足弓、④內縱足弓（參考P62）。

四種當中只要缺少一個或某部分較脆弱，身體就會歪斜或移位，且不斷接收來自地面的過度衝擊力及扭曲壓力。於是，骨盆和髖關節歪斜、變形，除了會痛，還會導致腿水腫，小腿脛、小腿、大腿等下半身部位變胖。

讓足弓消失的腳底異常狀態大致可分為兩種情況，一是「拇趾外翻」，另一個原因是「腳趾上翹」（腳趾翹起）。

在腳處於無力狀態時，使用手指將大拇趾朝腳背方向按壓，可以反壓九十度以上的話，就是腳趾上翹。從上面看的時候，因為腳趾呈筆直狀態，不覺得有異常，但是其外翻程度遠超過拇趾外翻，對身體會造成不良影響。不論孩童或成人，都會有腳趾上翹的問題，尤其好發於男性身上。腳趾上翹的人，腳底的趾頭根部或趾背也容易長繭。

另一個原因是拇趾外翻。當大拇趾朝小趾方向彎曲超過十五度，就是拇趾外翻。超過三十度的話，不是只有腳會有問題，也會影響上半身，可能會導致身體變歪斜，一定要提高警覺。

很少人會因拇趾外翻而覺得痛，但如果會痛，就是拇趾歪曲的前兆，絕對疏忽不得。根據我的診療經驗，成人女性每三人就有兩人是拇趾外翻或腳趾上翹。

有這兩種問題的人，因為腳趾無法撐平貼地，走路時腳尖會往外側移，變成「扭曲步行」，最後變成O型腿。反過來說，仔細觀察有O型腿的人的腳，一定都有拇趾外翻或腳趾上翹的問題。

第2章

解密！原來90%的脊椎病症和腿不正有關！

——認識腿型不正的五大原因和身體警訊！

1 腳尖朝外的「扭曲步行」是造成腿不正的原因！

扭曲步行與腿歪斜

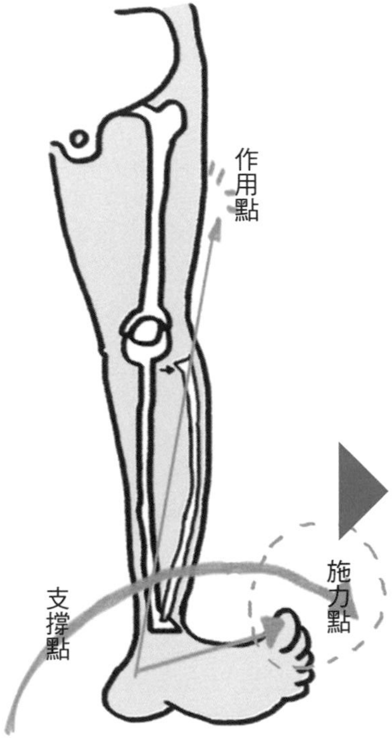

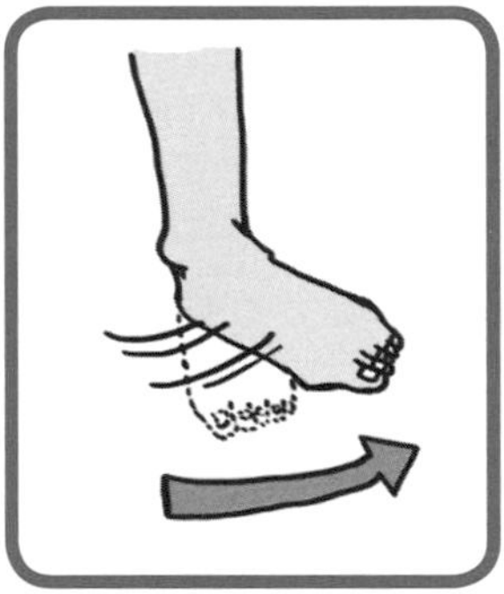

當拇趾外翻或腳趾上翹時，腳趾無法平貼於地面，走路時腳尖會朝外側偏移，變成「扭曲步行」。因為扭曲造成的壓力，導致膝蓋外側的「腓骨」與髖關節外側的骨頭「大轉子」朝外側凸出。這就是導致腿型不正的主要原因。

第一章介紹各種腿型不正種類，第二章將針對腿型不正的基本形成原因來說明。

在說明之前，有件事大家務必知道，當我們走路時，看似左腳與右腳動作一致，其實左右腳所負責的功能有些微差異。

最常使用的右側，也就是右腳，負責吸收來自地面的衝擊力，左腳負責吸收扭曲壓力。

譬如，陸上卡車競賽或在棒球場左轉跑步時，角落轉彎時所產生的扭曲壓力是由左腳吸收，這樣子轉彎時會很順利，也能有好的競賽成績。

以人體比喻的話，左半身吸收扭曲壓力，右半身吸收衝擊力道，才會與地心引力維持平衡感。

那麼，來自地面的衝擊力或扭曲壓力有多麼強大呢？其實，我們走路時會產生約是體重三倍的壓力，跑步時約產生體重五倍的壓力，這些壓力全部集中於人體的某部分。

尤其因拇趾外翻或腳趾上翹，導致腳底不平穩時，扭曲壓力多數會傳達至上方，對整個身體造成歪斜的不良影響。

與腿型不正有關的原因，主要是腳尖過度偏外側的「扭曲步行」，加上膝蓋過度反弓（反方向彎曲，過於伸直）的「膝蓋反弓」問題，這是一般最常見造成O型腿的原因。

膝蓋反弓會導致走路時，膝蓋無法上抬。如果檢查這種人的鞋底，腳後跟外側常會磨平。因為膝蓋無法上抬，重心偏向外側，腳後跟外側的鞋底才會磨平。

有這個症狀的人在走路前做「抬膝踏步運動」（參考P102）數分鐘，再出發走路的話，膝蓋會自然上抬，走起路來很輕鬆。

平常提醒自己走路時膝蓋要抬高，這點也很重要。

2 膝蓋過度反弓的「反弓膝蓋」讓腿歪得更厲害！

最近因膝蓋過度反弓導致有了「反弓膝蓋」的人變多了。症狀是膝蓋後側（膝窩）會痛，幼兒至高齡者都可能會有這樣的症狀，與年齡無關。尤其是幼兒，常會出現所謂的「成長痛」，其實原因就是膝蓋過度反弓。

腳底發育尚未安定的幼兒腳趾也無法平貼地面，當他們很有活力玩樂以後，覺得累的時候，膝蓋會伸直，為了支撐骨頭變成像一根直立的棍棒。結果，導致膝蓋過度反弓，半夜身體受寒，體溫下降時，膝蓋後側就會痛。

膝蓋後側會痛的人，是因為膝蓋呈弓狀過度反弓，通常這樣的人幾乎都有腳趾上翹或拇趾外翻等問題，以腳趾翹起的姿勢走路。

於是，膝蓋後側會過度伸展，來自腳底的過度衝擊力道及扭曲壓力不斷投射在膝蓋後側，最後連軟骨也被反弓磨損，導致肌肉炎或韌帶發炎。

腳尖朝外側滑移的「扭曲步行」加上膝蓋過度反弓的問題，最後讓膝蓋無法抬高，腿歪的症狀會更加惡化。如果年輕女性在平坦地面也容易扭到腳的話，就是這些問題導致。

中高年人在運動後常會覺得膝蓋後側疼痛，其中一個原因是膝蓋後側有脂肪硬塊（貝克氏囊腫〔又稱膝窩囊腫〕）。總而言之，膝蓋過度反弓的「反弓膝蓋」要承受來自地面的壓力，會對身體上半部造成不良影響，千萬疏忽不得。

反弓膝蓋

膝蓋呈弓狀過度反弓的狀態

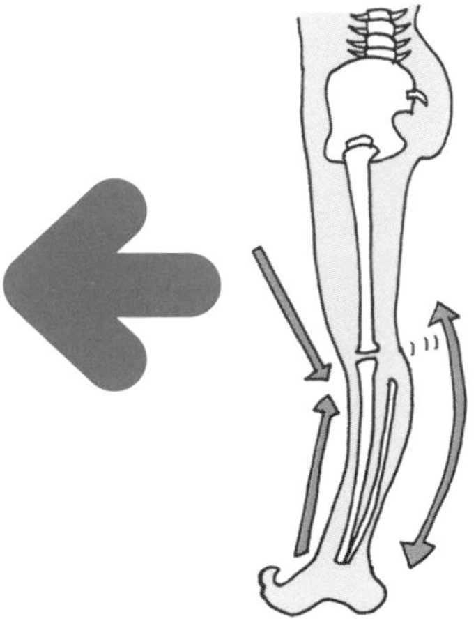

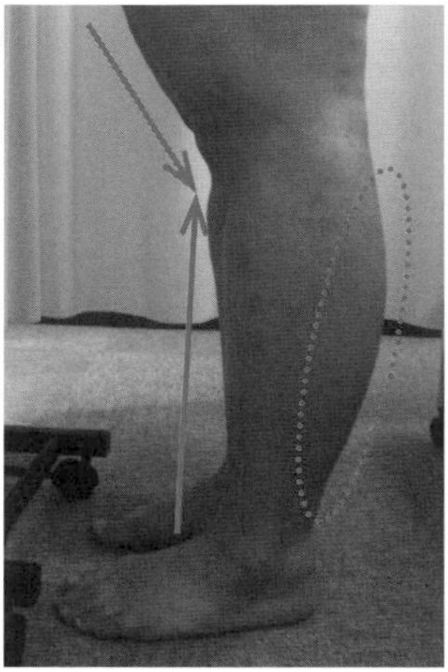

▼30歲女性（腳趾上翹）

一旦有了腳趾上翹或拇趾外翻等症狀，腳趾會往上翹，無法貼平地面，重心會偏移至腳後跟。於是，膝蓋就必須過度反弓。

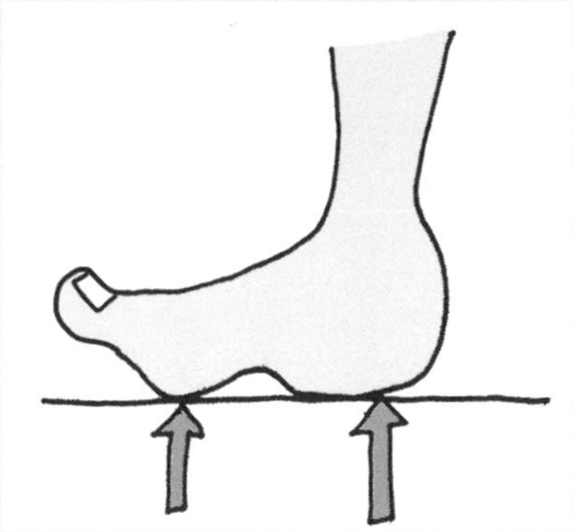

腳底不穩，重心往腳後跟偏移

以兩個點走路時，重心往腳後跟移

3 五大腿型不正的形成原因！

■髖關節 O 型腿■

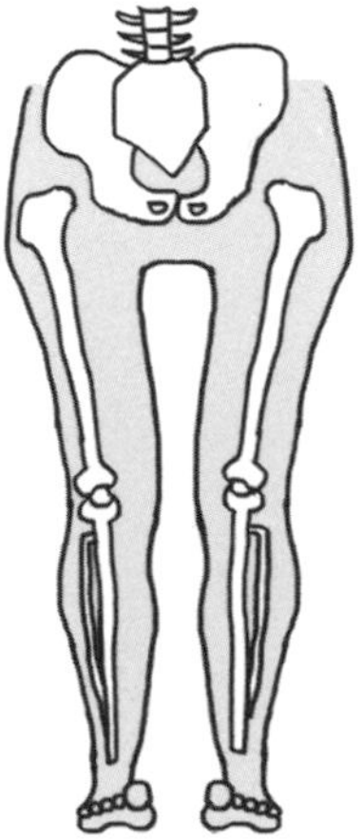

←股溝以下張開，髖關節外側骨頭突出。

■膝蓋以下O型腿■

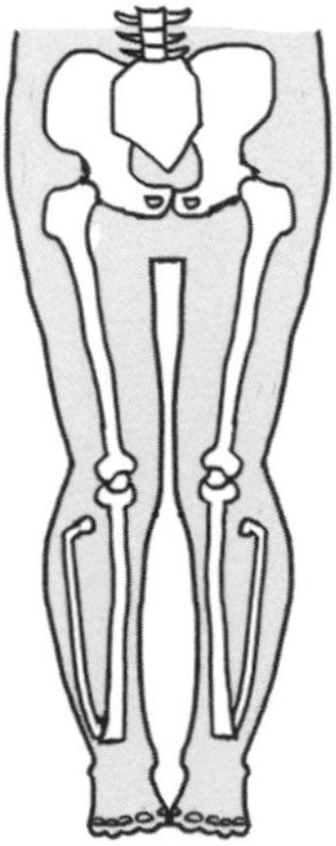

←雙膝沒有貼合，膝蓋以上呈張開狀態。

■正常的腳■

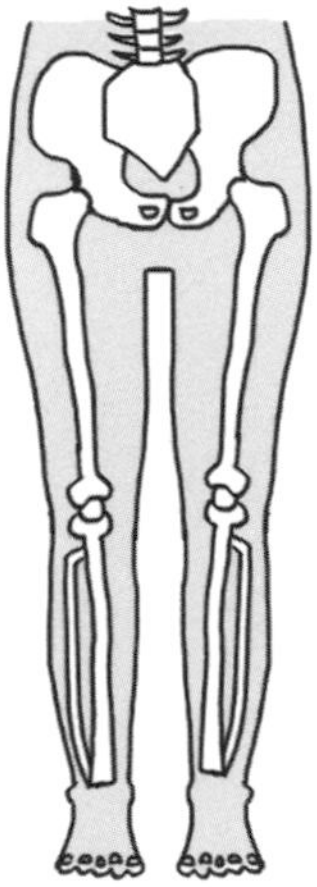

■X 型腿■

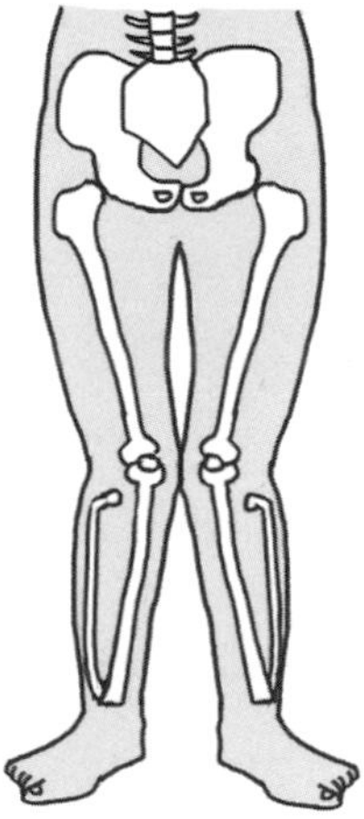

→雙膝貼合，膝蓋以下呈「八」字型張開。

■XO 型腿■

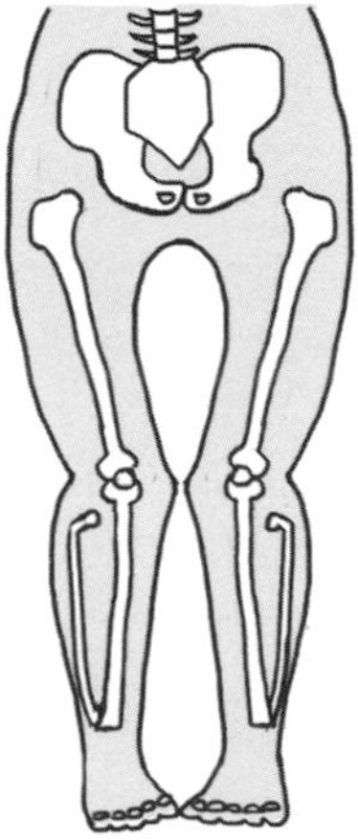

←雙膝貼合，但是股溝以下和膝蓋以下呈現張開狀態，變成內八字。

■膝蓋以下和髖關節 O 型腿■

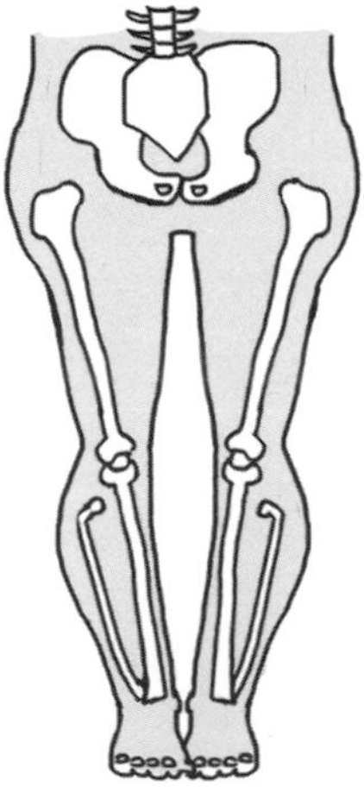

←股溝以下兩隻腿完全張開，髖關節外側骨頭與膝蓋外側骨頭突出。

到目前為止，已針對腿型不正的原因結構大致說明過了，本單元會更深入討論，從人體結構來說明。

當我們站著、坐著、活動等日常生活動作，都是因為地球上的「地心引力」會一直影響牽引著。

地心引力會對生活在地球上的生物造成哪些影響呢？

像是關節或骨頭能適度彎曲，必須盡量吸收因重力所產生來自地面的壓力，才可以彎曲。腳底的足弓也跟地心引力有關。

腳底有四個足弓（參考P62），可是一旦腳趾上翹或拇趾外翻，足弓功能就會逐漸喪失。於是，腳趾無法平貼地面，重心偏向腳後跟，腳尖朝外側滑移，變成「扭曲步行」。

再加上膝蓋過度反弓會讓腿歪斜、疼痛更惡化。

扭曲步行與反弓膝蓋對身體的不良影響最嚴重，可是，會這樣走路的人幾乎從未察覺自己的走路方式不對。

如前所述，一旦扭曲步行和膝蓋反弓，每走一步身體就要承受來自地面的「多餘衝擊力道」及「多餘的扭曲壓力」，進而造成傷害。

於是，就會不斷讓膝蓋、髖關節、腰部、背部、頸部承受壓力，然後超過界限，引發原因不明的慢性疼痛。

嚴重時，會發生X光也照不到的骨頭，有變形或過勞骨折現象。因此，請務必瞭解，腿型不正與全身身體不適有著密切關係。

4「膝蓋以下O型腿」以腳尖為施力點，力道偏移膝蓋以下變胖！

「膝蓋以下O型腿」雖然大腿與雙膝是併攏貼合，但是膝蓋以下卻合不起來。這種症狀的特徵是整個腳趾會自然地朝腳背方向彎曲，膝蓋以下的小腿脛會出現肌肉疙瘩。再用手碰觸膝蓋外側的「腓骨」，會發現腓骨朝外突出，肌肉外側特別發達。

於是，小腿脛會因緊繃而疲累，肌肉也處於緊張狀態，導致脂肪囤積，變成局部肥胖。

因為這個原因，這類O型腿的人常是肌肉肥胖體型或矮胖體型、直筒身材。

那麼，「膝蓋以下O型腿」的形成結構為何?我以大家都知道的「槓桿原理」來說明。

槓桿有三個點，分別是施力點、支撐點、作用點。將力量放於施力點，會透過支撐點，傳導至作用點，然後啟動槓桿原理，讓力量倍增。

換言之，就能擁有比當初施力的力道還強大的力量。

如果是「膝蓋以下O型腿」，因腳趾上翹或拇趾外翻的腳底異常問題，導致扭曲步行，腳尖變成施力點，歪斜的內腳踝變成支撐點，力量會傳至作用點的外側腓骨。

於是，腓骨偏離正常位置，朝外側突出，這就是導致膝蓋以下O型腿的原因。扭曲步行的力量會倍增，最後雙腳無法支撐這個力量。特徵就是膝蓋以下變胖。

膝蓋以下 O 型腿

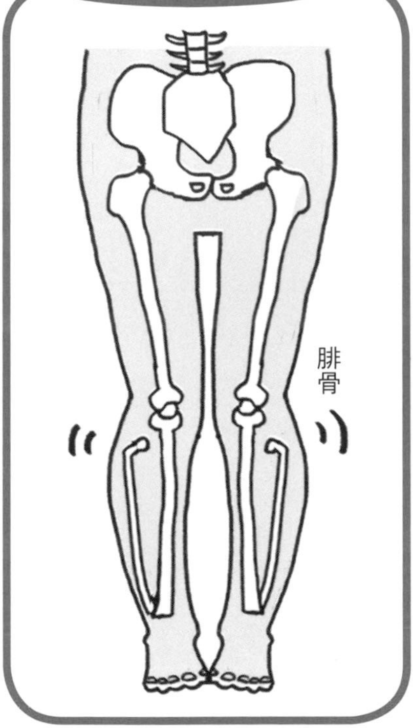

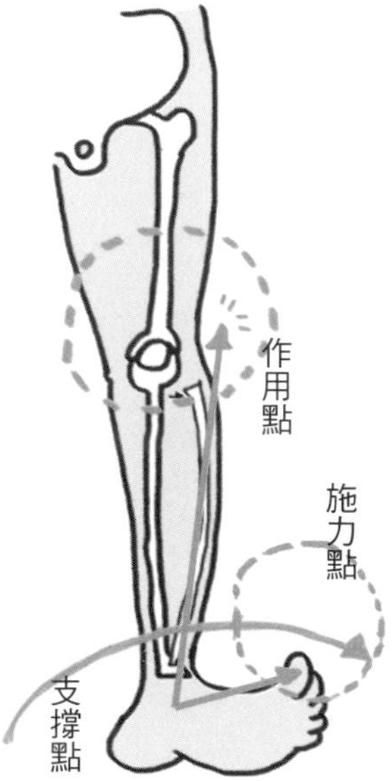

扭曲步行

腓骨變成「作用點」，力道偏移，骨頭移位。

因腳趾上翹或拇趾外翻導致「扭曲步行」，整個腳尖變成施力點，內腳踝是支撐點，膝蓋外側的骨頭「腓骨」成為作用點，力道傳至腓骨，腓骨因而移位，變成O型腿。

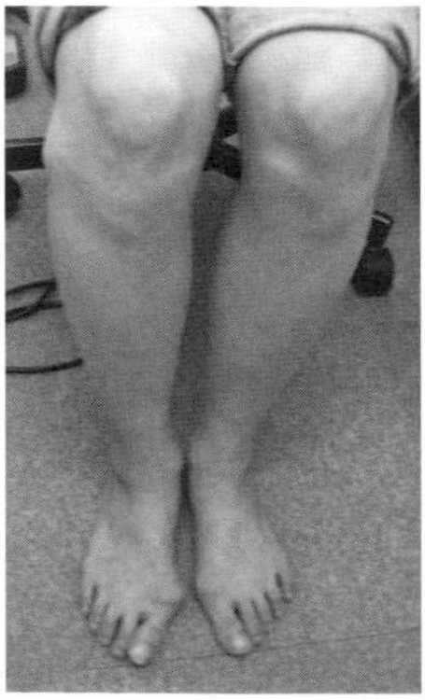

▼40歲女性（拇趾外翻、膝蓋以下O型腿）

【症狀：頭痛、肩膀痠痛、暈眩、腸胃功能不順】

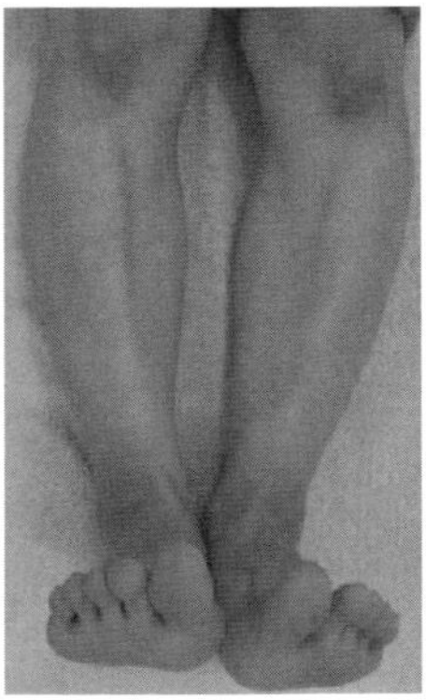

▼30歲女性（腳趾上翹、膝蓋以下O型腿）

【症狀：小腿脛腫脹、水腫、肩膀痠痛、腰痛】

5 「髖關節O型腿」會造成全身脊椎歪斜，應盡早矯正！

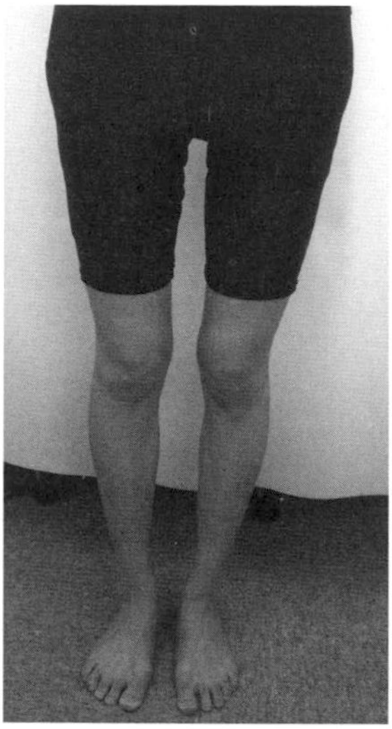

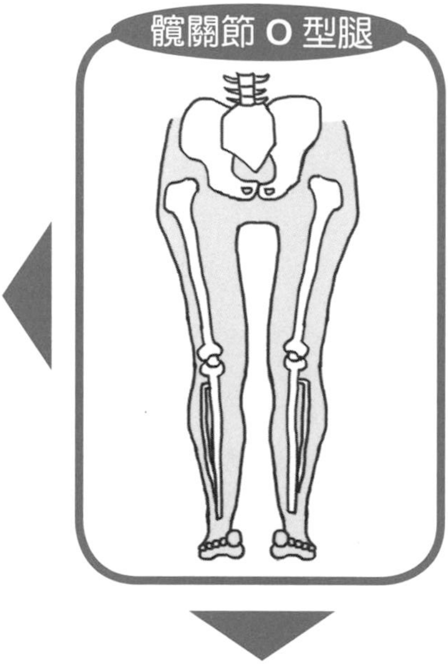

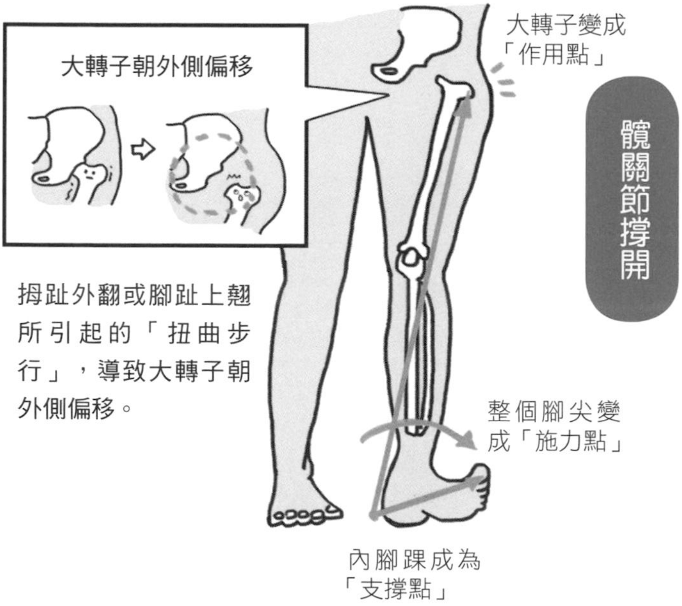

拇趾外翻或腳趾上翹所引起的「扭曲步行」，導致大轉子朝外側偏移。

接下來介紹雙股張開，呈縱向「コ」字形的「髖關節 O型腿」形成結構。

這類歪斜腿型在站立的時候，大轉子（大腿根部的骨頭）會比骨盆還朝外突出。跟「膝蓋以下O型腿」一樣，利用槓桿原理說明。

拇趾外翻或腳趾上翹導致扭曲步行後，腳尖變成施力點，朝外滑移，內腳踝成為支撐點，大轉子變成作用點，扭曲壓力會傳送至大轉子。

與「膝蓋以下O型腿」不同的是，髖關節承受的扭曲壓力比膝蓋多，導致大轉子突出於骨盆外側。

髖關節O型腿膝蓋以下的腿部曲線比較筆直，只有髖關節是往外突出。

在意外表的女性會覺得膝蓋以下纖細，只有臀部和大腿肥胖的身材很難看。

當髖關節的大轉子歪斜，臀部肌肉在大轉子的牽引下會下垂，臀圍部分會橫幅擴大，因而變胖。

此外，當大轉子突出，大腿內側張開，還會引起腸胃功能不適，整個人變得過分削瘦。

大轉子突出的髖關節O型腿好發於女性身上。女性的肌力本來就比男性弱，關節也比較輕且薄。女性身負生產、繁衍後代的責任，一定要安全且順利地生育後代。

因此，女性身體更容易受到地心引力影響，基於槓桿原理，導致髖關節歪斜，變成「髖關節O型腿」。

髖關節是連結上半身與下半身的重要部位。當髖關節移位，上半身也會歪斜，必須提早矯正。

6 「膝蓋以下與髖關節O型腿」長期會有慢性腰痛等問題！

第三個類型是年輕患者有增多趨勢的「膝蓋以下與髖關節O型腿」。症狀就如其名，乃是膝蓋O型腿與髖關節O型腿的結合。

症狀第一階段是膝蓋過度反弓的「反弓膝蓋」加上「扭曲步行」，導致腳尖朝外滑移，壓力從腳尖施力點，透過內腳踝的支撐點，傳至膝蓋。結果導致膝蓋外側腓骨突出。

然後，從內腳踝的支撐點，直接將扭曲壓力傳送至髖關節，導致作用點的大轉子撐開。

結果，大腿內側肌群緊實力變弱，整隻腳朝外滑移，膝蓋也張開，大腿和小腿之間也張開，變成嚴重的O型腿。

一般說來，膝蓋緊實力變弱是老年人常見的問題，但是最近因腳趾上翹或拇趾外翻導致腳底不穩，讓膝蓋處於伸直狀態走路的年輕人變多，使得許多年輕人膝蓋肌力變差。

膝蓋以下與髖關節O型腿的人，每走一步就要承受來自地面多餘的衝擊力及扭曲力，無法加以吸收消失，這些壓力會直接傳至身體上半部。

因此，對身體造成重大影響，引發變形的膝關節症、髖關節移位，同時骨盆也歪斜，甚至導致慢性腰痛。

還會引發背骨或頸骨移位、變形，出現各種不適症狀。

因為無法開腿運動，如果從事激烈運動，危險性會增加。

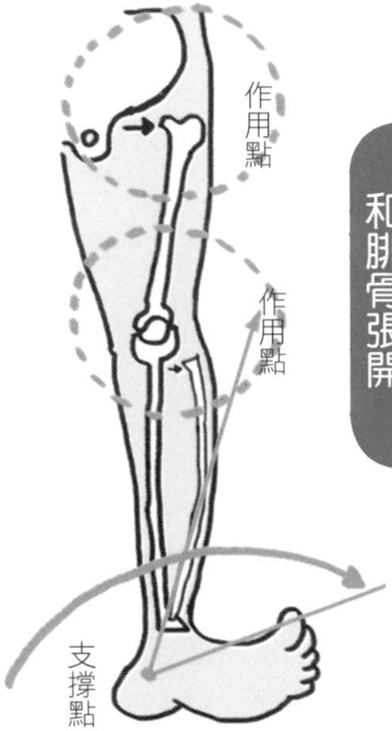

扭曲步行

髖關節和腓骨張開

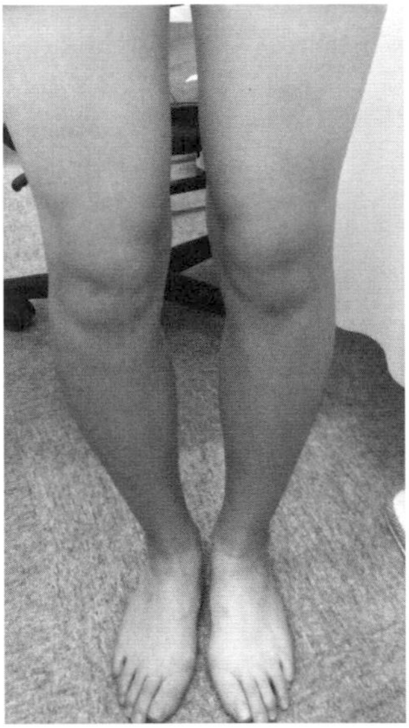
【症狀：頸部僵硬、肩膀僵硬】

▶ 十歲女性（拇趾外翻、膝蓋以下與髖關節 O 型腿）

膝蓋以下與髖關節 O 型腿

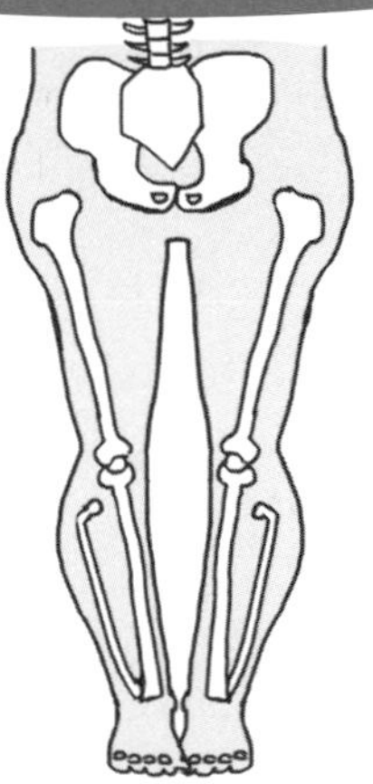

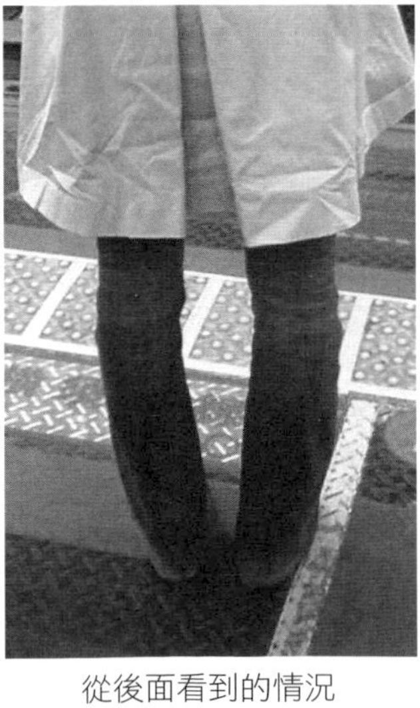
從後面看到的情況

7 「XO型腿」會影響髖關節，造成脊椎側彎等情形！

第四類型的「XO型腿」是膝蓋貼合，大腿和小腿張開的O型腿。講得更詳細——就是雙膝貼合，但是膝蓋外側與髖關節都朝外突出，膝蓋以上是O型腿狀態，與膝蓋的接合點變成「X」型，所以採取名為「XO型腿」。

因為膝蓋朝內部的肌力較強，就變成內八字走路，這種症狀好發於年輕女性身上。

「扭曲步行」導致腳尖成為施力點，內腳踝成為支撐點，膝蓋外側腓骨變成作用點，因力道偏移，腓骨就朝外側偏移。

如果像年輕女性那樣，膝蓋的緊實肌力變強，這到緊實膝蓋的力道會變成「反作用點」，夾在膝關節之間，產生讓上下相反的扭曲壓力。當反作用點的膝蓋緊實肌力勝出，大腿骨下部會朝內側偏移，雙膝就緊靠在一起。

於是，大腿骨傾斜，上面的大腿骨骨頭（大轉子）成為作用點，朝骨盆外側大幅突出。因為這個原因，XO型腿的人的臀部與大腿會異常發達壯碩。

此外，人體第二底座的髖關節也會大幅移位，位於上面的骨盆、腰椎也會歪斜，進而引起腰痛、背骨歪斜等脊椎側彎症狀，甚至連脖子也歪斜、變形，再來恐怕會導致頭痛、肩膀痠痛、暈眩等自律神經失調症狀，務必要提高警覺。

XO型腿也會導致膝蓋過度反弓的「反弓膝蓋」症狀，因為膝蓋負擔加重，平常宜多做「屈膝站立訓練」（參考P100）。

大腿骨下部朝內側偏移，雙膝緊靠在一起。

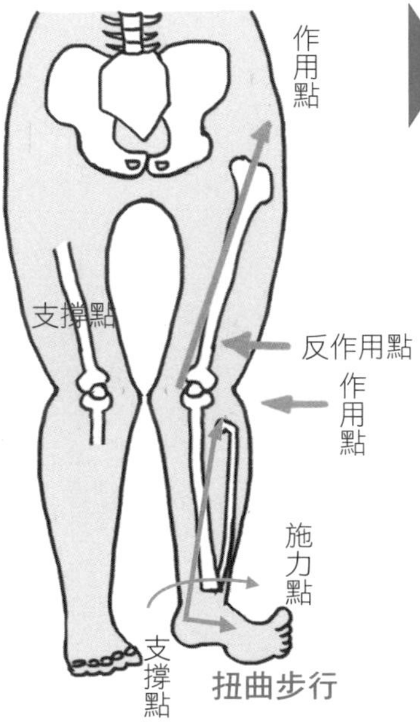
作用點
支撐點
反作用點
作用點
施力點
支撐點
扭曲步行

大轉子成為作用點，朝外側偏移，大腿也朝外側突出。

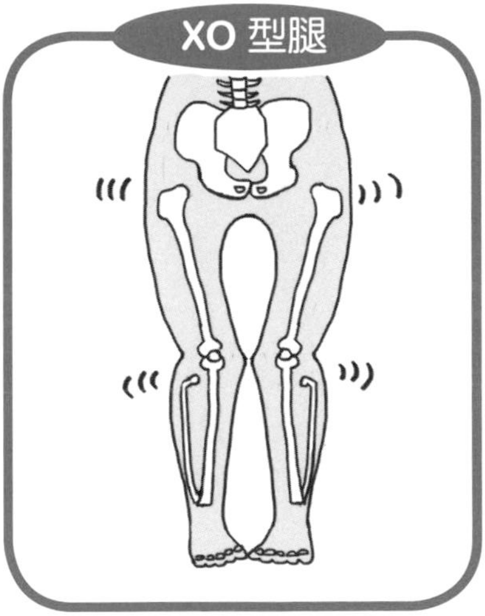
XO 型腿

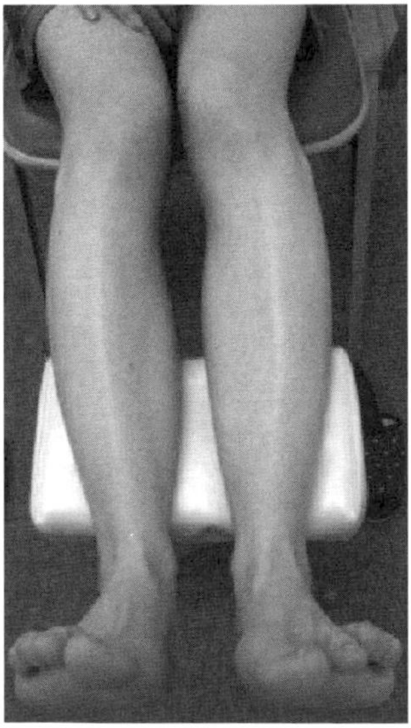

▼20歲女性（拇趾外翻、XO型腿）

【症狀：頸部僵硬、腰痛、自律神經失調症狀】

8

「X型腿」會導致足弓消失，膝關節容易疼痛衰弱！

「X型腿」是指雙腳併攏站立時，膝蓋緊密貼合，但是膝蓋以下的小腿呈「八」字型張開。從正面看，雙腳形狀就像英文字母的「X」，有「反弓膝蓋」傾向的歐美人，X型腿機率高。X型腿因為重心朝腳關節的內腳踝偏移，腳底朝外傾斜，導致足弓消失，通常會有「外翻扁平足」現象。因此走路時，腳尖會過度朝外側滑移，變成「扭曲步行」。

分辨方法很簡單，如果是腳底朝內側的「內翻足」，就是「O型腿」；如果腳底是朝外翻的「外翻足」，就是「X型腿」。膝關節因膝蓋上方大腿骨與膝蓋下方的下腿骨（脛骨與外側的纖細腓骨）而上下夾緊。

如果是O型腿，膝關節承受「朝外側」偏移的力道，從正面看的時候，重力負擔集中於膝關節內側，膝關節內側容易疼痛。

X型腿情況正好相反，膝關節要承受「朝內側」的偏移力道，重力負擔集中於膝關節外側，這部位容易疼痛。走路時，雙膝會碰撞，或因為外翻扁平足的關係，鞋底的腳後跟內側會磨平。

X型腿跟O型腿一樣，扭曲步行造成的壓力把腳尖變成施力點，並且傳送至身體上半部。於是，基於槓桿原理的作用與反作用理論，雙腿朝內側緊實的力道往上傳，膝蓋變緊縮，膝蓋以下則極端外彎。

歐美人多是雙腿纖細、上半身肥胖的體型，這就是承受肌力不同所造成的影響。

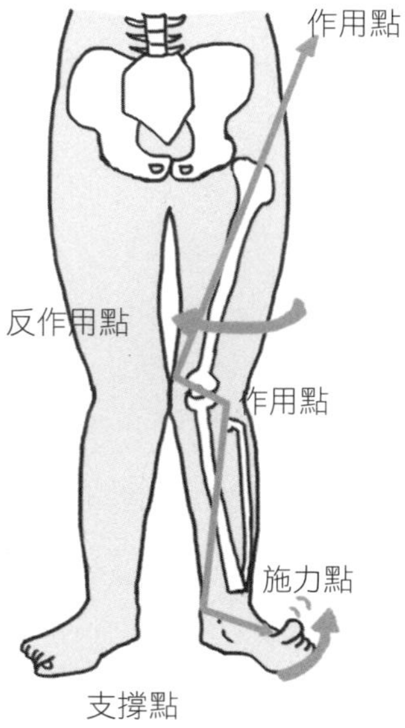

大轉子變成作用點，朝外側偏移，大腿也往外突出。

▲

加上膝蓋緊實力道變強，膝蓋內側變成「反作用點」，雖然雙膝緊閉，但是膝蓋以下呈現「八字型」，變成X型腿。

▲

內腳踝成為「支撐點」，膝蓋中心附近變成「作用點」，力道朝外側偏移。

▲

X型腿的人通常有外翻扁平足（腳底朝外）現象，整個腳尖變成「施力點」，並朝外側滑移，變成「扭曲步行」。

X 型腿

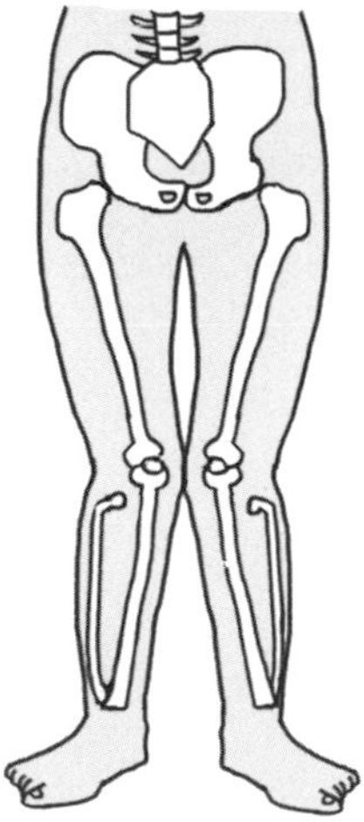

▶

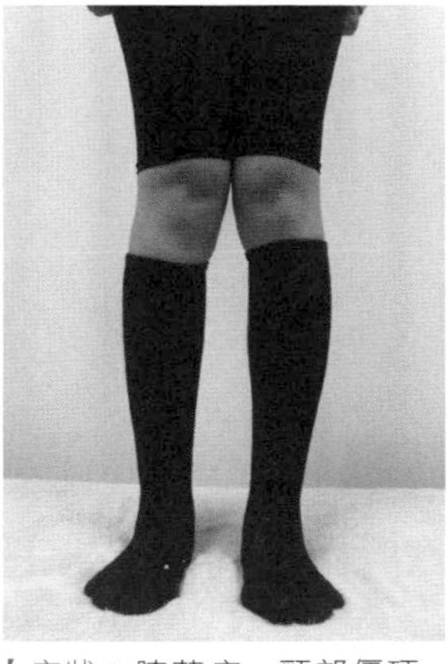

▼40歲女性（拇趾外翻、X型腿）

【症狀：膝蓋痛、頸部僵硬、頭痛】

9 「骨盆歪斜」的根本原因是「腳底失衡」！

當拇趾外翻或腳趾上翹，腳尖會朝外滑移，走路變成「扭曲步行」。當扭曲角度變大，除了有O型腿，髖關節會朝外側移位，導致骨盆歪斜。底座不穩更嚴重。常見情況是左腳拇趾外翻，腳底歪斜，使得左側骨盆歪斜機率高。

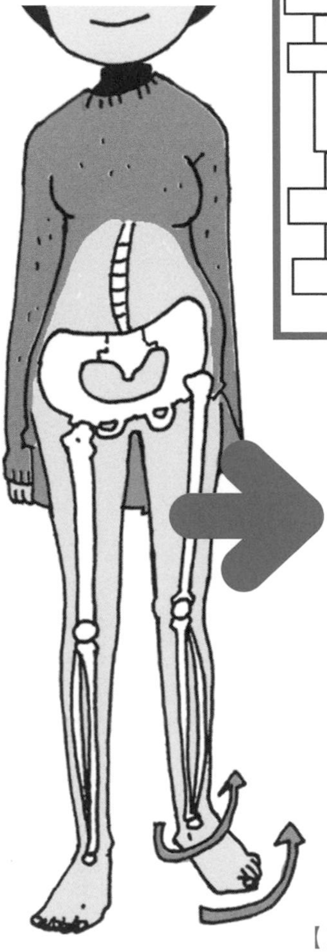

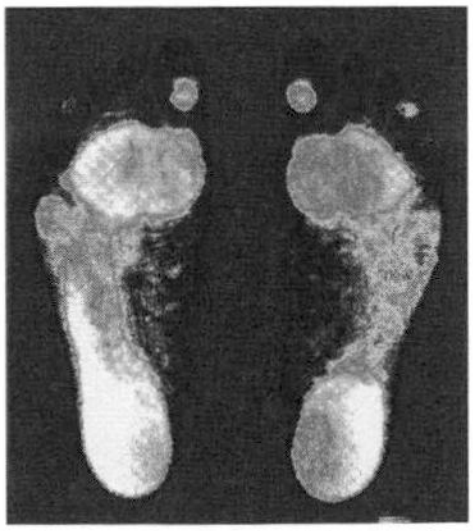

▼20歲女性（腳趾上翹）

【重心朝腳後跟移動的左右差異】

【症狀：骨盆歪斜、脊椎側彎、頸部僵硬、頭痛、暈眩、憂鬱症】

最近常聽到——骨盆歪斜會引發肩膀痠痛、腰痛等各種症狀，只要加以矯正，就能恢復健康。

事實上，骨盆位於身體中心部位，扮演重要功能。不過，即使暫時將骨盆矯正，身體底座的腳底不安穩的話，過一段時間，骨盆還是會回到歪斜狀況。

因為骨盆歪斜的根本原因是身體底座的「腳底失衡」所致。

也就是說，拇趾外翻或腳趾上翹導致腳底不平衡，才是骨盆歪斜的根本原因。當身體底座的腳底不安穩，會牽連全身，最後骨盆會跟著也歪斜。

人類的腳左右功能不同，右腳負責吸收來自地面的衝擊力道，左腳負責吸收扭曲壓力，適度地左右腳運作，才能維持重力平衡；如此，身體才能一直處於平衡穩定的狀態。

可是，一旦腳底不安穩，左右腳偏差值超過容許範圍，當範圍變大，身體就會歪斜。通常左腳的功能是吸收扭曲壓力，當拇趾外翻或腳趾上翹時，會導致歪斜程度更嚴重。

於是，左腳朝外偏移，隨之而來左腳髖關節也歪斜，還影響上方的骨盆，導致左邊半身歪斜。

在此以「積木原理」說明腳底不穩狀況。

當積木的第一層不正，上面的積木為了維持平衡，會朝相反方向偏移。

人體也一樣，腳底歪斜等於積木第一層歪了，就力學原理而言，當第一層歪了，一定是由上方的積木維持平衡。

總之，基於人體本能，為了平衡不穩的腳底，身體上半部的髖關節、骨盆、背骨、頸部全都歪斜了。

10

「駝背和脊椎側彎」主因竟是重心偏移至腳後跟，腳底歪斜所致！

■駝背的形成結構■

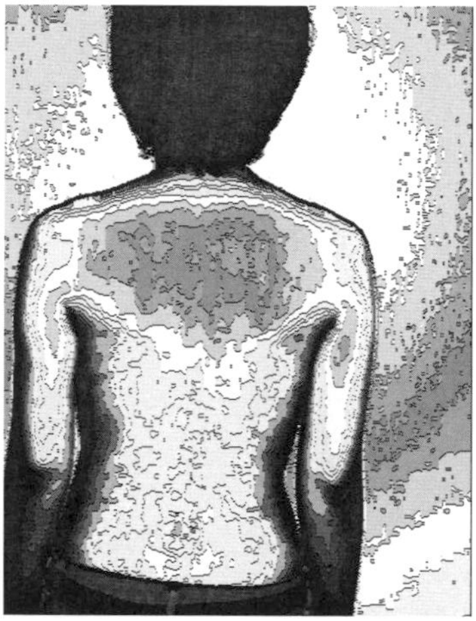

當腳趾上翹或拇趾外翻時，走路時腳趾會往上翹，以兩個點在走路，重心會偏移至腳後跟。這時候會有往後倒的危險，背部會不自主弓圓，脖子前傾低頭，這就是駝背的原因。

■脊椎側彎症形成結構■

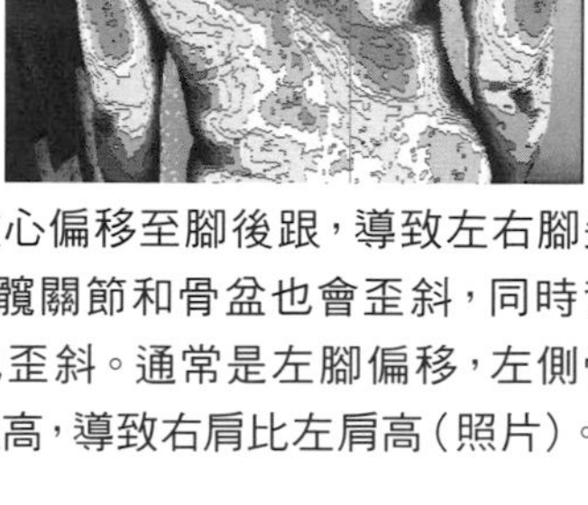

當重心偏移至腳後跟，導致左右腳失衡，髖關節和骨盆也會歪斜，同時背骨也歪斜。通常是左腳偏移，左側骨盆拉高，導致右肩比左肩高（照片）。

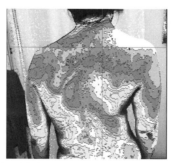

「駝背」是背部弓圓，「脊椎側彎症」是背骨彎曲，左右肩膀高度不一樣。這兩個症狀並沒有年齡界限，從中小學生到高齡者都有患者。因為外觀只覺得背部彎曲，於是就把原因歸咎為背部或背骨。不過，想要根治的話，必須找出根本原因。首先必須瞭解駝背和脊椎側彎症的形成原理。

之前提到「積木原理」，因為身體上半部要平穩不穩的腳底，導致骨盆、背骨，甚至連頸部也歪斜。

因拇趾外翻或腳趾上翹導致腳底不穩時，通常左腳會偏移，變成「扭曲步行」壓力會往身體上半部傳送，於是左腳端關節歪斜，左側骨盆也歪斜而提高。接著當骨盆歪斜，上面的脊椎為了維持身體左右平衡，導致脊椎彎曲變成脊椎側彎。其實被診斷為脊椎側彎症的幼童，都有拇趾外翻或腳趾上翹的問題。

而且，左右腳歪斜程度差異愈大的孩童，脊椎側彎症愈明顯。

如果還有拇趾外翻或腳趾上翹等問題，腳趾無法平貼地面，重心會偏移至腳後跟，恐會有往後倒的危險。於是，為了與重力維持平衡，讓自己不跌倒，背部弓圓，頭往前傾。這就是駝背的主要原因。

脊椎側彎症和駝背都是因為身體底座的「腳底歪斜」所致，當脊椎上方的頸部無法維持平衡，導致頸部要支撐沉重的頭部，而移位或歪斜。

再加上因拇趾外翻或腳趾上翹導致使用不穩的腳底走路，來自腳後跟的多餘衝擊力與扭曲壓力就不斷傳送至頸部，當頸部變形時，也會出現肩膀僵硬、頸部僵硬；頭痛、暈眩、腸胃不適等各種自律神經失調症狀。首要之務要讓腳趾力恢復，讓重心回歸正常位置。

11 腳底不穩造成壓力往上衝，導致「頸部歪斜」！

■頸部歪斜形成結構■

除了支撐頭部重量，還要承受因腳底不穩造成的壓力，讓頸部更加歪斜，結果出現頸部異常問等問題。

過度衝擊導致頸部變形

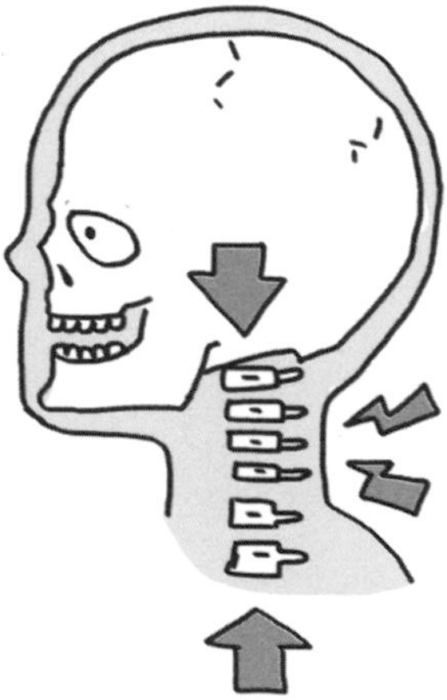

重心偏移至腳後跟，承受來自地面多餘的衝擊壓力

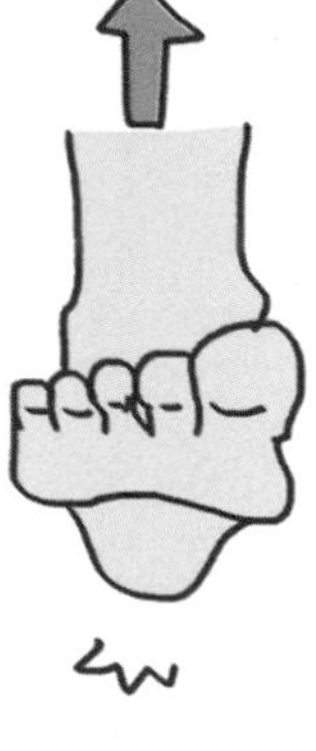

多餘的扭曲壓力導致頸部歪斜

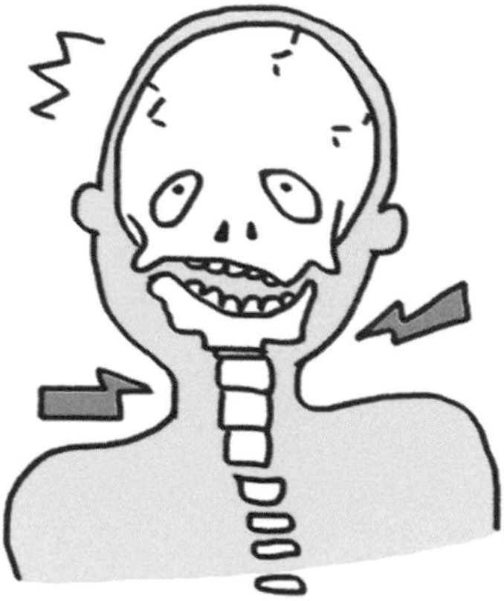

走路時，腳尖朝外側滑移，產生過度的扭曲壓力

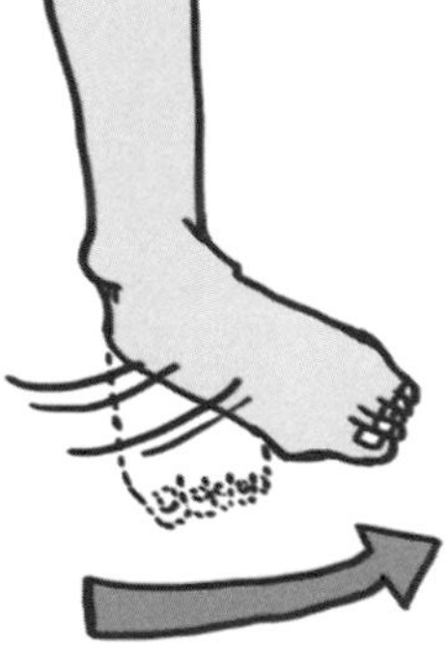

頸部是人體最致命的部位，維持生命的重要器官都聚集在頸部。

控制身體所有器官的自律神經就在頸部，一旦頸部異常，就會出現各種不適症狀。

不適症狀為頸部僵硬、肩膀僵硬、腰痛、疲倦感、懼冷症、便祕、腹瀉、腸胃不適等，嚴重的話會變成憂鬱症。

那麼，頸部異常的原因何在呢？我已經在本書提過多次，因為位於脊椎最上方的頸部，要有效率地維持因拇趾外翻或腳趾上翹而不穩的腳底之平衡感。

人類頸部原本是個可以三百六十度轉動的關節，也是最能夠維持身體平衡的部位。

當重心往後偏移，為了取得平衡，頭會往前傾；左右活動時，會將重心朝相反方向偏移調整。

這就跟積木原理一樣，當下面移位時，必須靠上面的積木調整。

頸部原本就很纖細，也非常脆弱，只要些許壓力，頸部就會異常。

人體頭部重量約六公斤，頸部光是支撐頭部就夠辛苦了。可是，還要不斷承受來自腳後跟的多餘衝擊力道與扭曲壓力，讓頸部承受重大負擔。

頸部後面是頭蓋骨與頸椎接合部位的第一個頸椎，持續壓迫第一個頸椎，會導致軟骨變形、輕微過勞骨折。

因為接合部位附近有自律神經經過，自律神經會被壓迫，身體各部位出現自律神經失調狀態。

其實，我看過在醫院被診斷為自律神經失調患者的腳，發現多數人腳底異常。

這就是腳底異常→頸部歪斜→自律神經失調症狀的力學結構證據。

12 以為是天生「下巴或臉部左右不對稱」，其實是腿歪了！

鼻樑歪曲的人，背骨也是歪的

因拇指外翻或腳趾上翹，用腳底兩個點走路導致重心不穩，造成不良影響。「重心偏移至腳後跟，導致左右腳不平衡」是造成頸部與下巴歪斜的原因。

鼻線與下巴位置不正

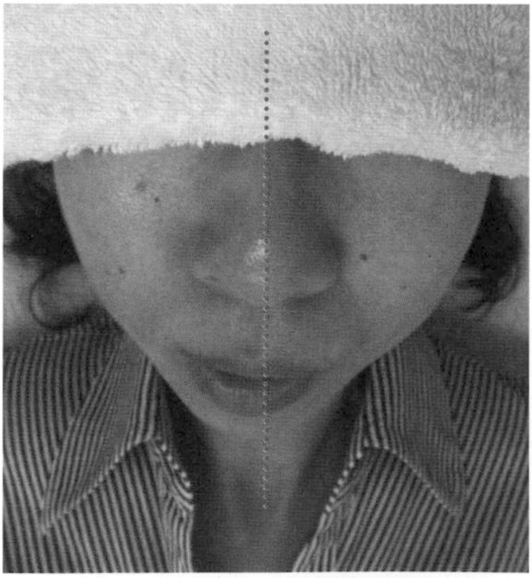

▼40歲女性（腳趾上翹、腳底雞眼）

【症狀：骨盆歪斜、顏面左右不同、肩膀僵硬、暈眩、懼冷症、腸胃不適】

許多女性左右顏面不一樣。以臉型中心線為準，嘴巴或下巴位置偏移，鼻子也與中心線偏移。或許有人會說，這是天生每個人臉型左右不對稱所致，事實上，是整個身體都失衡了，絕對不能置之不理。

顏面左右有差的人常為偏頭痛、肩膀僵硬、頸痛或背痛所苦，此外，還常常有嘴巴無法張開、咬東西下巴痛、會發出怪聲的「顳顎關節症候群」、咬合不良的「咬合異常」等症狀。

此外，這種人通常會左右腳底的歪斜方向不一樣或骨盆歪斜，罹患脊椎側彎症。

想判斷顏面左右差異狀況的話，請仰躺在床上，用毛巾遮住眼睛，請家人從側面看鼻樑與下巴尖端是否為一直線。如果位置偏移，可能是背骨、下巴、頸部歪斜。

主要原因是人體底座的腳底重心偏移至腳後跟，加上左右承受壓力不同，造成腳底不穩，髖關節和骨盆為了維持身體的平衡感，變成歪斜，甚至影響背骨也歪曲。

於是，為了維持整個身體的平衡，頸部、顎關節、顏面肌肉只好配合背骨的歪曲狀況而歪斜，最後連臉型也歪曲。

這樣的形成結構也跟「積木原理」意思一樣，當最底層的第一排歪了，為了維持整體平衡感，最上面的第一節頸椎與顎關節會承受最多的影響。

以前大家就說：「鼻樑歪曲的人，脊椎也歪了。」這就是腳底不穩，要靠身體上半部的頸部及臉來維持平衡的最佳說明。

顳顎關節症候群、咬合異常、顏面左右不一致、姿勢不良都能以積木原理說明。這些現象之所以好發於女性身上，如前面所述，因為女性的肌力比男性弱，關節也比較小，很容易就受到重力影響。

第3章

公開！每天兩動作，O型腿、X型腿都能自癒！

——骨科權威名醫教你，調整「腳底平衡」+「紗布繃帶固定法」，矯正完美腿型！

❶ 改善「扭曲步行」，調整腳底平衡感！

以兩個點走路，
重心朝
腳後跟偏移

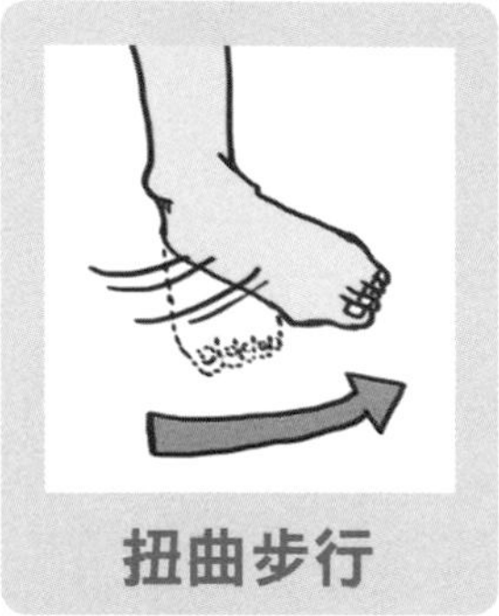
扭曲步行

一旦拇趾外翻或腳趾上翹，腳趾無法平貼地面，就會變成不安定的「兩點步行」。這就是導致「扭曲步行」的原因。

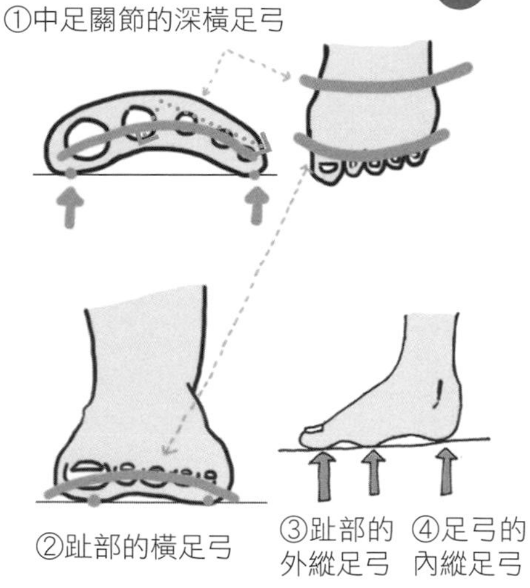
①中足關節的深橫足弓
②趾部的橫足弓
③趾部的外縱足弓
④足弓的內縱足弓

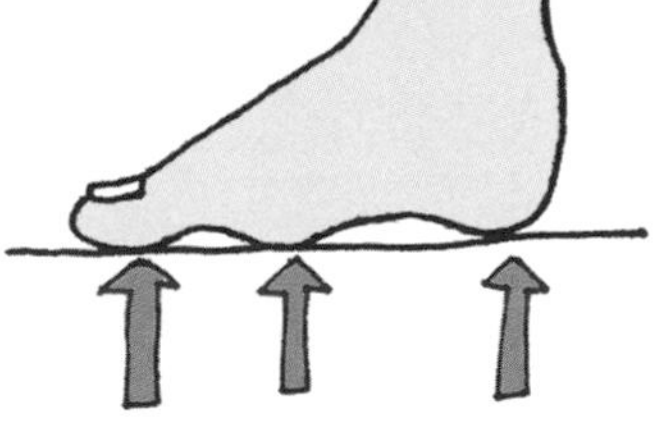
三點步行，
重心才能
回歸正常位置

當腳底變平衡，就會變成安定的「三點步行」，四個足弓功能復活，腳趾會平貼地面，且筆直踩著地面前進。

之前一再提到，腳底不穩導致扭曲步行是腿歪的形成原因，在此，我再詳細說明。

人類生活在地球上，時刻都在承受重力，為了稍微減低重力影響，我們的身體有各種防禦機制。

其中一個機制是腳底有四個足弓，當四個足弓正常運作，走路時就能吸收來自地面的衝擊力，讓身體不受威脅。

當腳趾的趾尖與腳趾趾跟、腳後跟等三點確實平貼踏地，身體就能維持平衡安定。可是，當拇趾外翻或腳趾上翹，導致腳底異常時，趾尖會上翹，只以趾跟和腳後跟等兩點在走路。

於是，重心偏移至腳後跟，變成腳趾上翹走路，腳尖朝外滑移，這就是扭曲步行。

扭曲步行的衝擊力及扭曲力非常強大，以地震為例，約是震度五的橫向搖晃（扭曲）與直向搖晃（衝擊）。

人體不同於建築物，還要加上走路的動作，反覆的走路會囤積為一股巨大破壞力。如果放任這些異常症狀不理，巨大壓力會傳送至身體上半部，導致腿型不正。

預防方法的當務之急，就是讓膝蓋與髖關節回歸正常位置。

本書第四章會介紹復原體操、運動、伸展操，想要根治，必須從修復身體底座開始。

換言之，要讓腳底恢復正常，安定整個身體。所以必須調腳底平衡感，恢復正常的三點步行。

首先，給予腳底適度刺激，緊實掌控足弓功能的中足關節，恢復其功能。

具體方法會於後述，但請記住，想要腿型回正就必須恢復腳底功能。

2 「伸展膝蓋、腳後跟先著地」是錯誤方法！抬膝走路才是健康秘訣！

絕對不能「膝蓋過度伸展，以腳後跟著地」！這是導致膝蓋痛、腰痛、脖子痛的原因！

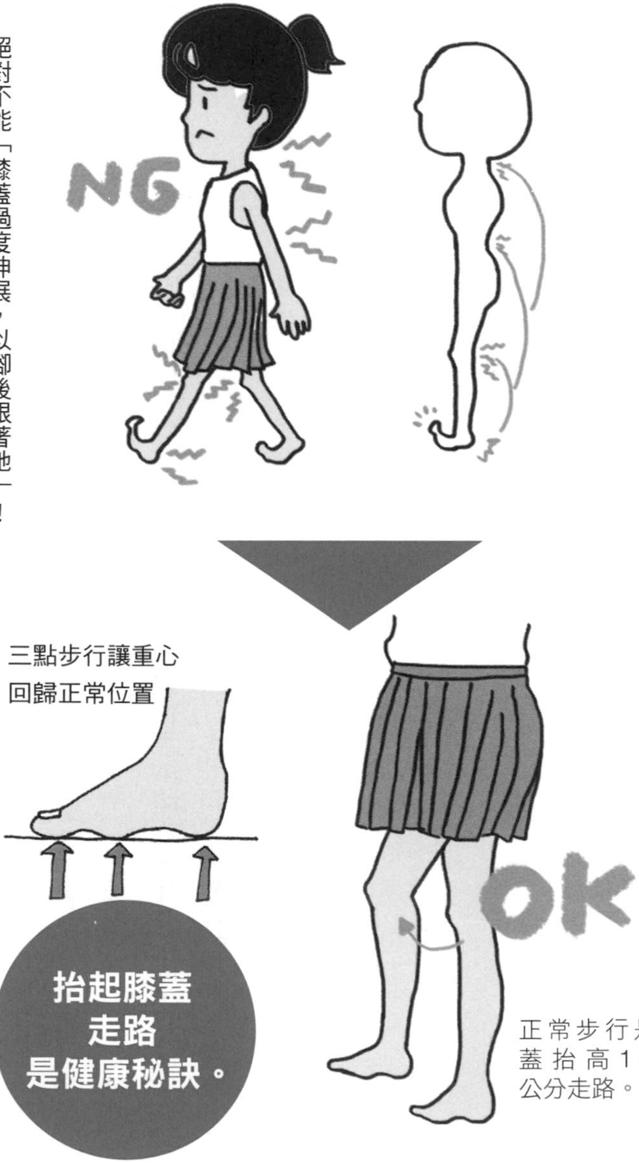
NG
三點步行讓重心回歸正常位置
抬起膝蓋走路是健康秘訣。
OK

正常步行是膝蓋抬高1～2公分走路。

最近因為人們的足部保健意識高漲，導致足部保健相關資訊氾濫。

其中關於走路的方法，資訊特別錯綜複雜。例如「腳後跟著地才是正確走路方法」或「走路時膝蓋要伸直」等錯誤資訊充斥，一直蠱惑著我們。

根據我的長年經驗，「膝蓋伸直、腳後跟著地」根本是搞壞身體健康的走路方法。譬如，從只有三十公分高的低台跳下時，會有人以腳後跟著地跳下嗎？如果伸出腳後跟著地，來自地面的衝擊力量會從腳後跟直接傳達至大腦，身體就會啟動本能的防禦機制，以整個腳底為受力著地。

所以正確說法不是「以腳後跟著地」，而是以腳後跟、趾跟、趾尖等三點為受力面，然後腳著地。

此外，也不該伸直膝蓋走路，而是要稍微彎曲膝蓋，保留伸縮空間。膝蓋整個伸直的話，等於是依賴骨頭在走路，就會變成腿的壓力負荷過大。正確的走路方法是依賴肌肉而行。讓膝蓋以下部位吸收重力。

膝蓋伸直的話，腳無法抬高，來自地面的過度衝擊力及扭曲力會傳達至身體上半部。反而導致O型腿，所以改善O型腿的第一步就是要改變走路方法。

走路時請提醒自己，膝蓋要比平常再抬高一至兩公分，這樣就能以整個腳底著地，不會扭到或跌倒。

其實走路姿勢不良的人，趾跟或趾背容易長雞眼，鞋底的腳後跟部分會有某一側磨平。

此外，站立時也不是伸直膝蓋，依賴骨頭站立，而是要微彎膝蓋，以肌肉支撐身體站立最好。

3 在雙膝上方綁絲襪睡覺，可調整髖關節與骨盆的平衡感！

用絲襪綁著膝蓋上方睡覺，可以矯正髖關節 O 型腿。

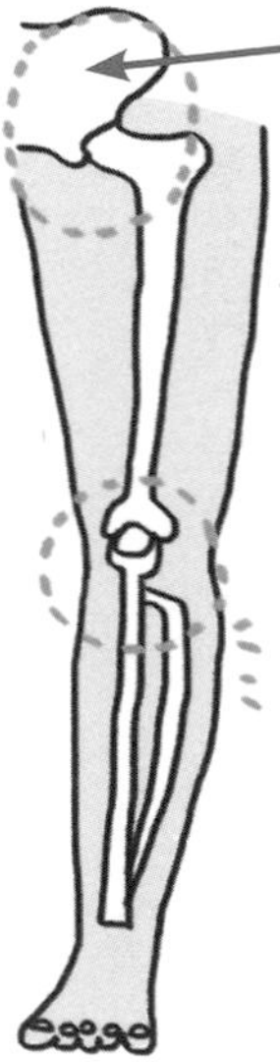

安定髖關節，也能安定骨盆。

綁著膝蓋上方，其實一點都沒有痛苦感。

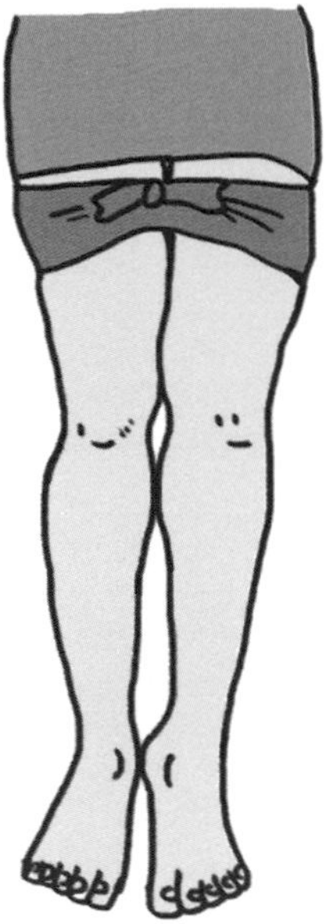

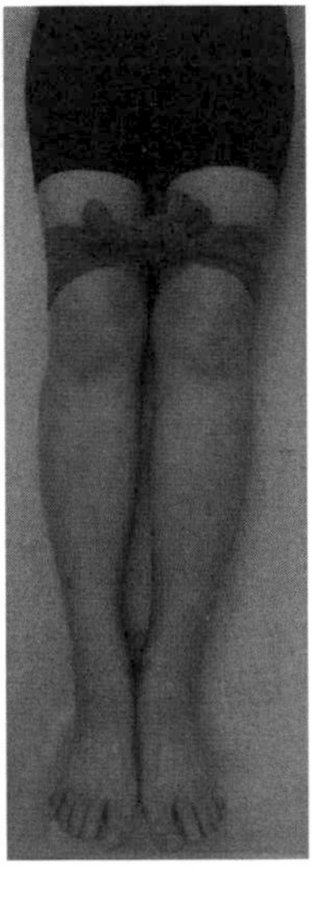

注意不要綁太緊！

前面我已經說明過，因腳底不穩導致扭曲步行，就是腿型不正的形成原因。第二章更提到，矯正異常腳底，予以安定，就能改善腿型歪斜。

在安定腳底的同時，還必須做一件事——就是調整與雙腿有直接關聯的髖關節與骨盆的平衡感。

具體說法就是，讓因為「扭曲步行」變形的壓力，基於槓桿原理而突出的髖關節大轉子回歸正位。

雖然透過整脊能修復，但有個方法更簡單，可以利用睡覺時，讓大轉子回歸正位——方法就是綁著膝蓋上方睡覺。

當我們綁著膝蓋上方，大腿上方的大轉子會朝內側支撐，也可以利用睡覺時，調整髖關節與骨盆的平衡感。

一般來說，能從白天開始就正確的支撐髖關節當然最好，但是只有睡覺時做，也一樣有效果。大家聽到要綁腿睡覺，或許會覺得不好睡，其實一點都不痛苦，反而能一夜好眠。

適合的綁腿工具為絲襪，因為有伸縮性。就算綁緊也不會難受，而且簡單打結處理，用過就可丟掉，真的很方便。不過，重點還是不宜綁太緊，要解開時才能馬上解開。

我的患者中，許多人採用這個方法都獲得自癒，各位一定要試一試。這個方法可以同時支撐身體底座（腳底）與上半身（髖關節與骨盆），開啟改善腿型的第一步。

基本上，白天時調整平衡感也很重要，但是這個方法可以讓你睡覺就達到矯正的效果，當然值得一試。

4 早晚做「開腳運動」，就能改善O型腿！

■開腳運動■

讓朝外側移位的髖關節回正

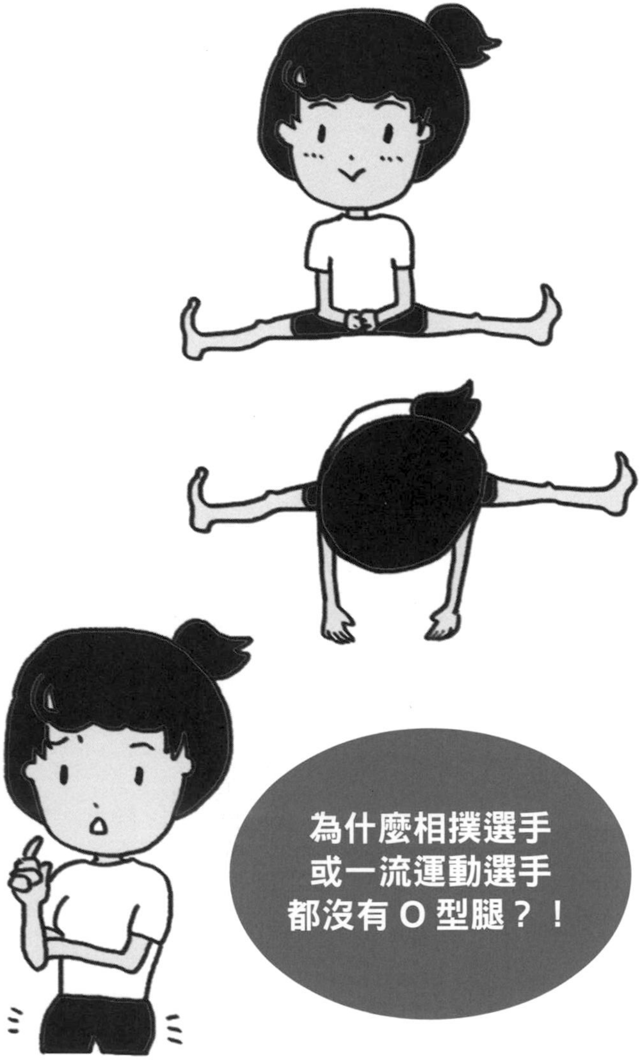
為什麼相撲選手
或一流運動選手
都沒有O型腿？！

為O型腿所苦的人，一定要認清一個事實。為什麼相撲選手或活躍於第一線的運動選手都不會有O型腿？因為如果有O型腿，在激烈運動時骨骼平衡感會變差，身體也會僵硬，這是非常危險的狀況。

因此，這些選手都會確實做好調整骨骼平衡的運動，保護身體安全。

因此，最有效的運動就是相撲選手稱為「開股」的開腳運動。

開腳運動是讓移位的骨盆，變淺的髖關節大轉子（大腿骨骨頭）回歸正位的最好方法。

讓髖關節回正的開腳運動有兩個效果。

第一是「調整全身的平衡感」。

也就是調整上半身與下半身的平衡感，讓脊椎回歸骨盆上方的正常位置，維持身體平衡，並安定身體。

幾乎所有的一流運動選手都能做到完美的開腳運動，這就是他們沒有O型腿的最佳證明。

第二個效果是「消除下半身的瘀滯現象」。開腳運動讓血液順利地從離心臟最遠的下半身返回心臟，可以消除瘀滯現象。

能夠徹底做好開腳運動的人，他的身體也非常柔軟，皮膚和臉蛋很有光澤，不容易生病，看起來比實際年齡年輕。

當髖關節內部骨頭移位、變淺，就會壓迫坐骨神經，身體處於緊繃狀態，導致下半身血液循環停滯。於是引發瘀滯現象，雙腿浮腫，乳酸滯留，人就容易覺得累。

所以，持續做開腳運動，調整身體平衡感非常重要。這才是矯正O型腿的捷徑。

5 「紗布繃帶固定法」能治好嚴重的O型腿及膝蓋痛！

當O型腿惡化，膝蓋內側會痛。起先是邁開第一步或站起來時會痛，接著轉換為慢性疼痛。有O型腿的人，重力會集中於膝蓋內側。

如果再加上拇趾外翻或腳趾上翹等腳底歪斜的問題，會導致腳底的氣墊作用變差，來自地面的多餘衝擊力會不斷跑到歪斜的膝蓋，加上體重的負擔，導致膝蓋變形與疼痛。

這時候必須固定膝蓋，並減輕膝蓋的負擔。此外，還有各種手術方法。市面也有販售各式各樣的專用支撐器或固定用具等商品，不過，我認為最有效的方法還是「紗布繃帶固定法」。

紗布是自古以來就使用的治療器材，但是最近使用機率變少。

不過，雖然不是要說「歷史足以證明」，但是紗布的流傳歷史能夠如此久遠，當然自有原因和實證存在。

總之，要固定患部，沒有比紗布更優秀的器材。紗布功效會於下一個單元說明。

使用紗布繃蓋固定，養成讓膝蓋微彎站立的習慣（參考P100），可以迅速治好嚴重的O型腿和膝蓋痛。

還有，日常生活中不要過度伸直膝蓋，養成微彎膝蓋站立的習慣，就可以讓保護膝蓋的肌力增強好幾倍。其實，紗布繃帶固定法的手續有點麻煩，但它確實是最有效的方法。

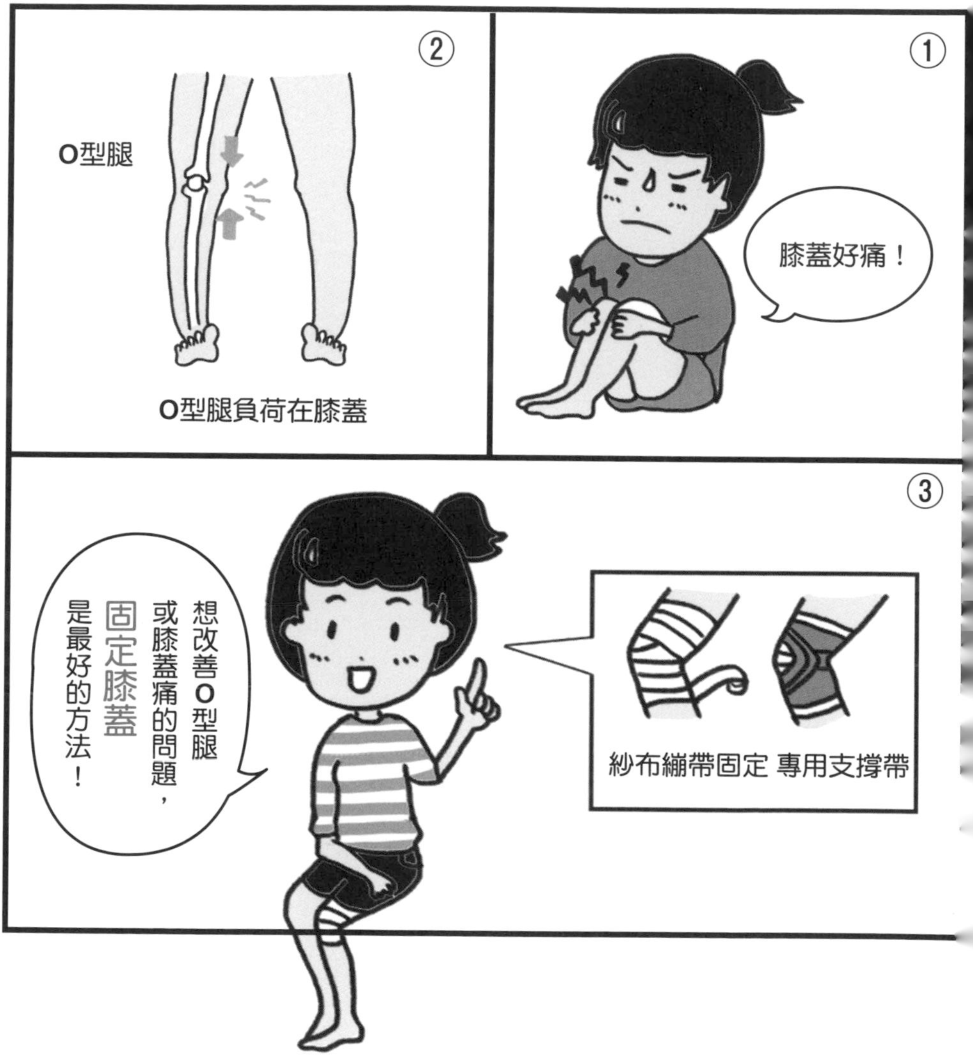
①
膝蓋好痛！
②
O型腿
O型腿負荷在膝蓋
③
想改善O型腿或膝蓋痛的問題，固定膝蓋是最好的方法！
紗布繃帶固定
專用支撐帶

6 「繃帶固定法」能使膝蓋回正，具有矯正效果！

市面上有各種治療O型腿和膝蓋痛的方法及器材，但我卻主張「繃帶固定法」矯正腿型歪斜和膝蓋問題！

因為「固定」，就能啟動人類天生的「自癒力」。即使醫療技術多麼進步，都不如身體自癒力。

我們的身體本來就有阻止異物或病毒入侵的功能，不論任何傷害或疾病，人體都能針對症狀予以修復。人類所擁有的自癒能力就是如此強大。

所以，如果能讓自癒力發揮至最大極致，任何疼痛或症狀都可能治癒。

關於膝蓋痛、膝蓋變形等問題，我最推薦的治療方法就是固定膝蓋。重點就是減輕體重對於膝蓋的負擔，以及來自腳後跟不斷傳送而來的多餘衝擊力。這個繃帶固定法又可以稱為「紗布無重力療法」。

當固定患部後，安定度會大於重力承受度，這時候就能發揮自癒力，減輕痛感。因變形而凸出的骨頭會內收，萎縮之處會有新骨頭補充，隨著時間經過，變形的骨頭再生。

這就是醫學法則的「多餘骨頭被吸收，因骨量不足而有新骨補充」。

因此，確實固定患部，就能讓自癒力發揮至極限，達到早日治癒的效果。

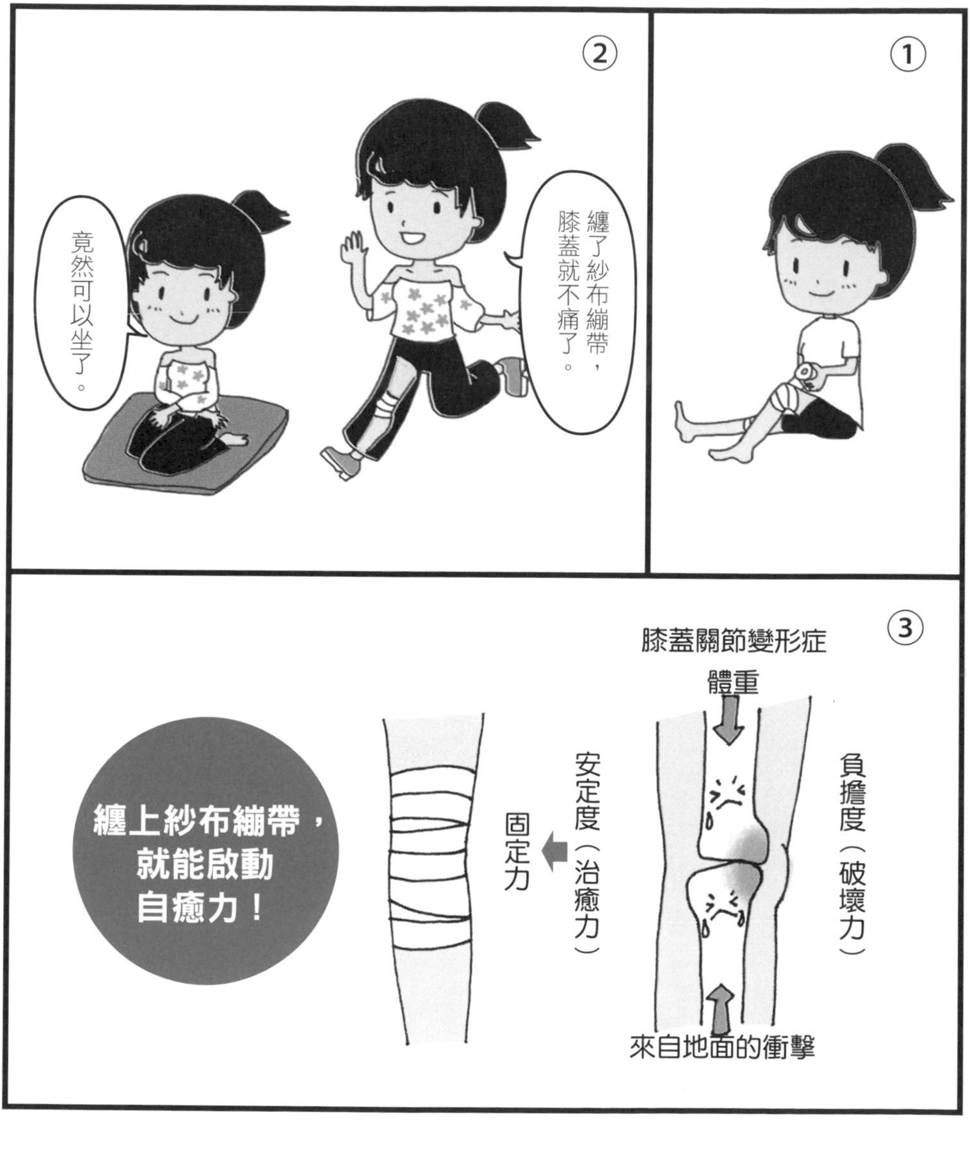
①
②
纏了紗布繃帶，
膝蓋就不痛了。
竟然可以坐了。
③
膝蓋關節變形症
體重
負擔度（破壞力）
安定度（治癒力）
固定力
來自地面的衝擊
纏上紗布繃帶，
就能啟動
自癒力！

7「紗布繃帶固定法」DIY！

之前已介紹過紗布繃帶法的功能，接下來將說明具體使用方法。

首先傳授各位紗布繃帶的作法，請至百貨公司、大型超市、藥局購買紗布。

更早以前，大部分的商店都有販售紗布，但最近有賣紗布的店家變少了，最好先確認有存貨，再出門前往購買。

紗布是木棉製，「一卷紗布」的寬約33～34公分，長度約9公尺，直向撕開使用。

將一卷紗布縱向撕成三等分、四等分、五等分，稱為三裂、四裂、五裂，這就是紗布的尺寸種類。

治療膝蓋建議使用三裂紗布。

首先橫向劃刀三等分，再抓著紗布兩端，使用雙手撕裂。不用剪刀剪，用手撕開。

將紗布放在膝蓋上纏繞，一卷紗布變成三卷條紗布繃帶。

紗布繃帶是萬能治療器材，可以纏繞腰部、膝蓋、小腿、腳踝等身體各部位予以固定。如果把紗布當成備用品擺在家裡，緊急時候也可以當成止血帶使用，非常便利。

此外，閃到腰動彈不得或膝蓋劇痛時，只要用紗布纏繞患處，就能啟動自癒力，立刻緩解疼痛。

■紗布繃帶製作方法■

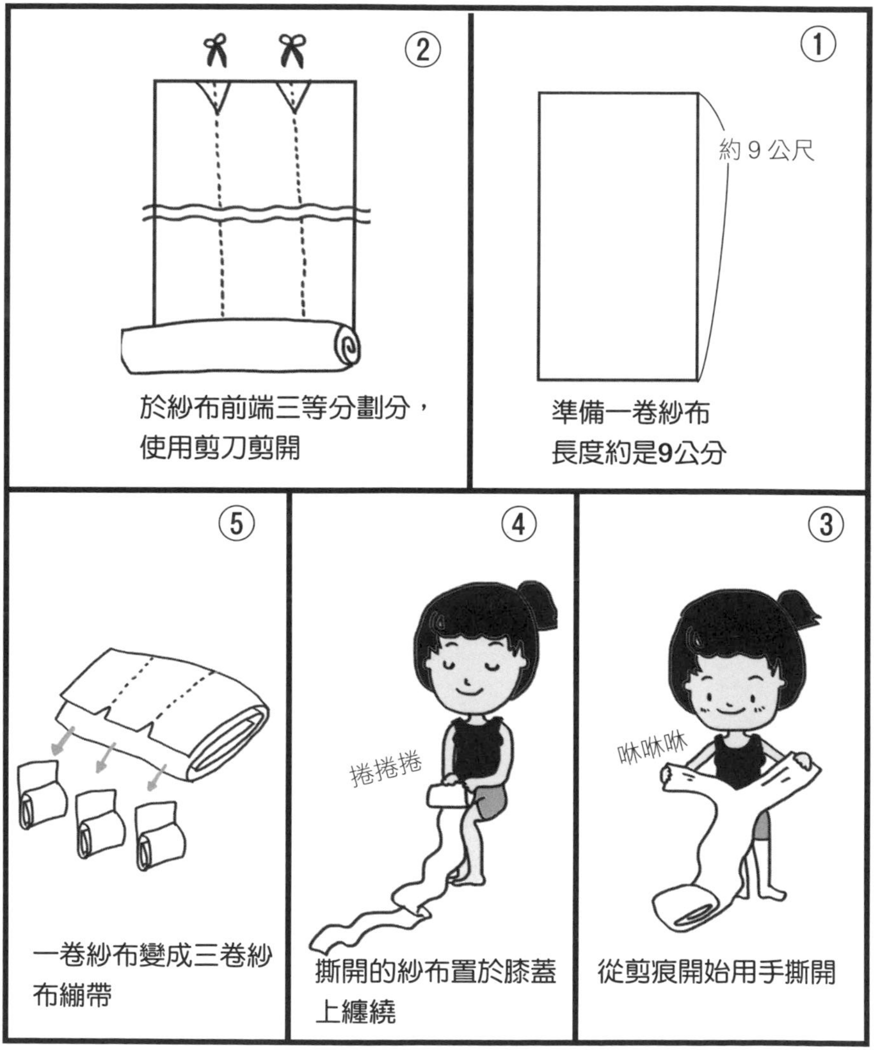
①
約 9 公尺
準備一卷紗布
長度約是9公分
②
於紗布前端三等分劃分，
使用剪刀剪開
③
咻咻咻
從剪痕開始用手撕開
④
捲捲捲
撕開的紗布置於膝蓋
上纏繞
⑤
一卷紗布變成三卷紗
布繃帶

8 學會紗布繃帶捲法，就能自行在家治療！

接下來介紹紗布繃帶的纏法。首先要決定紗布用量。用量多寡會影響固定程度，這是施術重點。

矯正O型腿時，膝蓋穩定度一定要大於承擔重力的力量。請以以下重點為標準。

①體重六十公斤以下的人使用一卷紗布繃帶。

②體重七十公斤以下的人使用一卷半紗布繃帶。

③超過七十公斤的人使用兩卷紗布繃帶（都是單腳用量）。

接著傳授纏繞紗布繃帶的方法，一定要親自纏繞看看。纏繞時，膝蓋彎曲四十五度，從膝蓋頭開始上下移位，大面積地緊緊纏繞。

彎曲膝蓋纏繞的話，可以保留活動空間，不怕肌肉會變萎縮。再怎麼用力纏繞，也不易浮腫，也不會鬆落。伸直腳的時候，繃帶會自動移位變歪，導致血液循環不良。

纏繞三週後，痛感尚未改善，再一次從頭用力纏繞。通常過了三週，痛感就能減輕一半。請拿出勇氣增加繃帶用量、固定面積。膝蓋痛的話，一定要纏繞三週至一個半月的時間。矯正O型腿所需時間約為四個月。

使用紗布繃帶矯正O型腿或舒緩疼痛時，一次捲量的多寡（安定度要大於重力承受度）會影響效果。

即使是專家也很少人能拿捏箇中的差異，如果有人知道真的要稱他為名醫。

■紗布繃帶的纏法■

①

膝蓋彎曲45度。

②

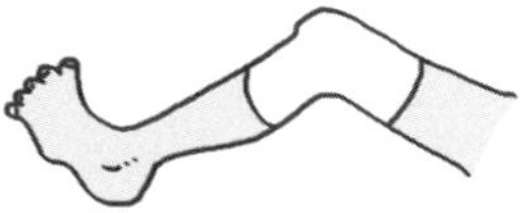

將棉布或紗布置於膝蓋後側，避免走路時摩擦。

③

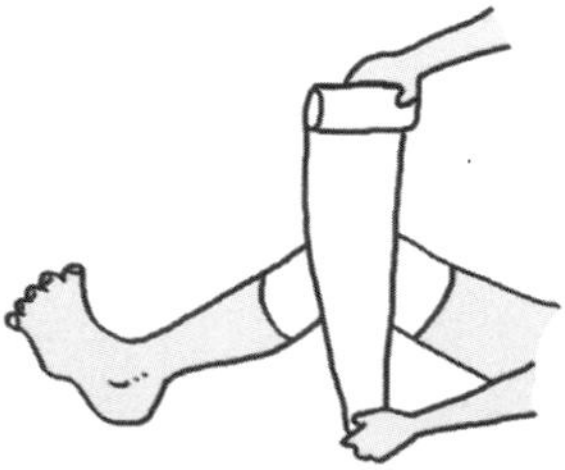

以膝蓋為中心開始用力纏繞，朝上下方向，稍微移位纏繞。

④

上面纏繞大腿三分之二以上的面積，下面纏繞小腿三分之二以下的面積。

⑤

避免紗布移位，再纏上些許伸縮繃帶予以固定。這時候不能用力纏繞，不必拉扯，輕輕纏繞即可。

⑥

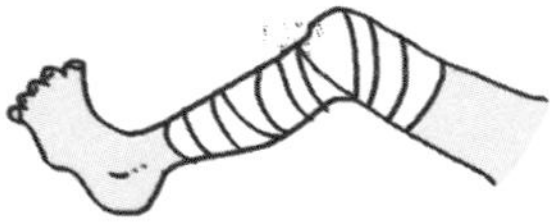

如果纏繞正確，纏繞完成後，膝蓋會有脈動，大約五分鐘後會停止。如果沒有脈動，可能纏得太鬆。

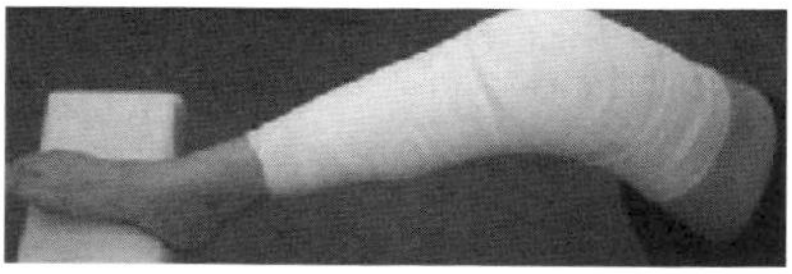

〔注意〕

- 纏繞時，膝蓋務必彎曲45度
- 不能膝蓋伸直纏繞！

9 多層纏繞的紗布繃帶讓人有安全感！

當我說明紗布繃帶的纏法後，有人說：「纏那麼緊會難受，膝蓋都沒辦法彎曲了。」一沒纏過的人會這麼覺得，一點也不意外。其實纏紗布繃帶時，膝蓋是彎曲四十五度，就算多麼用力纏繞或纏繞很多層，也不會覺得難受。

尤其O型腿症狀嚴重的人，纏過以後感覺輕鬆，就算纏一段時間覺得腳有點沉重，第三天起就覺得腳很輕，反而不想拆掉繃帶。拆掉會沒有安全感，會一直想用紗布繃帶固定。

這是安全本能啟動，感覺症狀已經治癒的現象。

纏繞紗布繃帶時，絕對不能疏忽的重點是「不能在膝蓋伸直的狀態下纏繞繃帶」。

膝蓋伸直纏繞的話，沒有保留膝蓋的活動區域，彎曲膝蓋的時候會覺得很緊，還會阻礙血液循環，腳馬上變腫。

因此請務必在「膝蓋彎曲四十五度的狀態」纏繞紗布繃帶。

在這樣狀態下緊緊纏繞，絕對不會感覺難受。上蹲式廁所或日常生活，完全沒有阻礙。

我使用這個方法超過三十九年以上，就是最佳證明，而且即使是高齡者，也可以纏紗布繃帶。

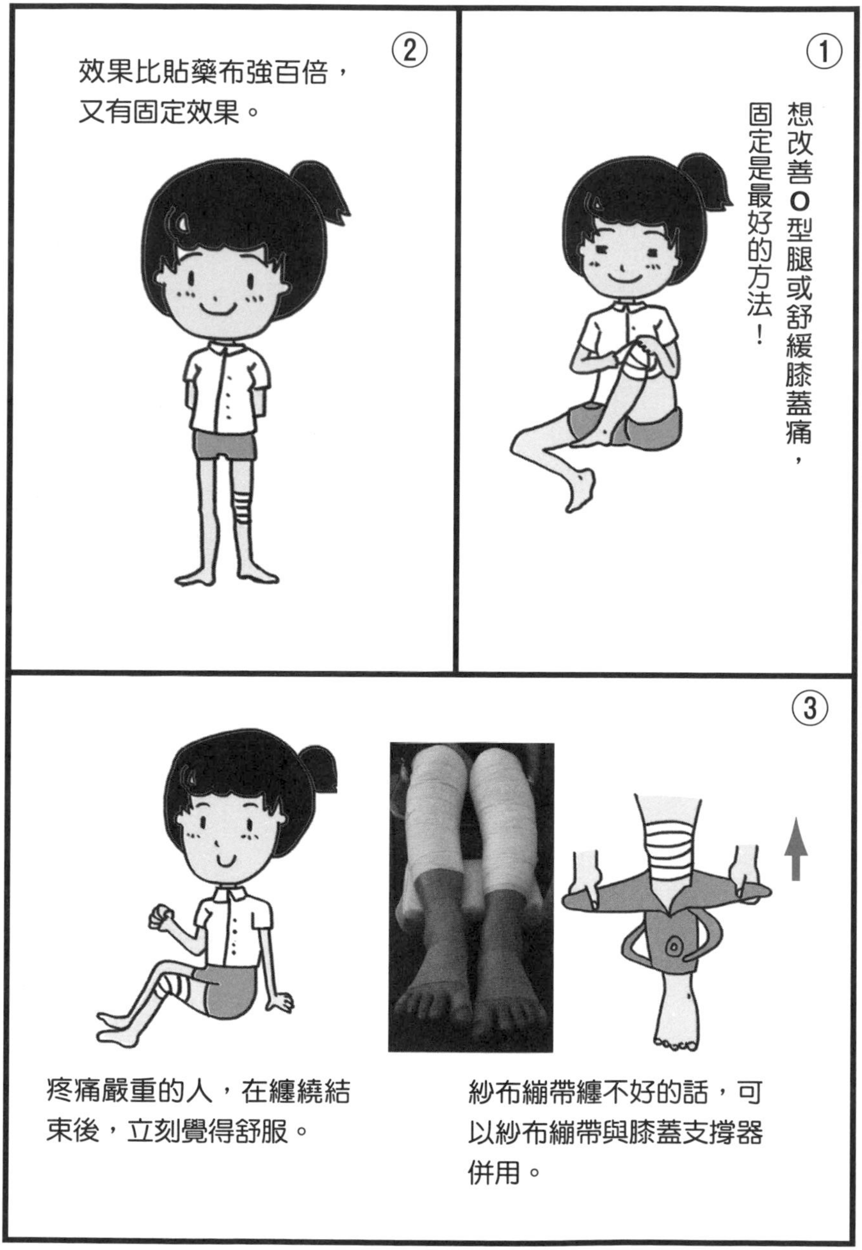
①
想改善O型腿或舒緩膝蓋痛，
固定是最好的方法！
②
效果比貼藥布強百倍，
又有固定效果。
③
疼痛嚴重的人，在纏繞結束後，立刻覺得舒服。
紗布繃帶纏不好的話，可以紗布繃帶與膝蓋支撐器併用。

10 紗布繃帶能減少脂肪，但不會弱化肌力！

①
纏繃帶不就等於使用固定器？
固定器 = 肌肉萎縮
②
妳多慮了。這個方法的目的以治療為優先，不用擔心會導致肌肉萎縮。
是的！
③
徹底治好，膝蓋不再疼痛，肌肉馬上就會恢復。
嗯、嗯
真不敢相信，身體變輕盈了！
④
連多餘的脂肪也消失了！

膝蓋固定器沒有保留活動區域，是整個完全固定，當然肌肉會萎縮。可是紗布繃帶在纏繞時，膝蓋要彎曲45度，保留膝蓋的活動區域，不會影響日常生活，肌肉也不會萎縮。反而能調整膝蓋平衡感，恢復正確走路方式，多餘脂肪還會消失，讓雙腿變瘦。

大家對於紗布繃帶的誤解，除了「因用力纏繞感到不安」，還有其他因素。大家害怕用力纏繞後，會使肌肉萎縮。

骨折時打石膏固定時，當石膏變硬就會無法動彈，肌肉就會萎縮變細。可是，「紗布繃帶固定」是將膝蓋彎曲四十五度，再纏繞繃帶，保留膝蓋活動空間，膝蓋可以自由伸屈，不會妨礙日常生活，肌肉也不會萎縮。

因為纏繞面積大，也不會導致血液循環不良。在過去的三十九年間，我已經幫數萬人纏繞過無數次，從沒有人因為纏了紗布繃帶而血液循環不佳或肌肉萎縮。

其實，使用紗布繃帶固定，雙腿會變瘦，不過，變瘦並非肌肉萎縮，乃是透過加壓訓練效果，讓脂肪分解而變瘦。使用紗布繃帶固定膝蓋，可以像平常一樣活動肌肉，所以肌肉不會萎縮。

因此務必記住，不要把「腿變瘦」誤以為是「肌肉萎縮」的關係。

因為許多人不知道事實是如此，才會有問題。許多患者擔心好幾個月纏紗布繃帶固定，會不會導致肌肉萎縮讓情況更惡化，纏沒幾天就馬上拆掉。

因為這些無謂的擔心，在纏繞時沒有遵守規定的面積和時間，結果讓安定度（治癒力）低於重力承受度（破壞力），才會無法根治。

即使連續一年使用紗布繃帶固定，也不會肌肉萎縮，可以說完全沒有弊害。

與其擔心肌肉萎縮，讓情況惡化，確實固定治療才是最優先考量，也是最重要的事。

11 O型腿跟「腳趾上翹」、「拇趾外翻」一起治好了！

■矯正拇指外翻與腳趾上翹的過程■

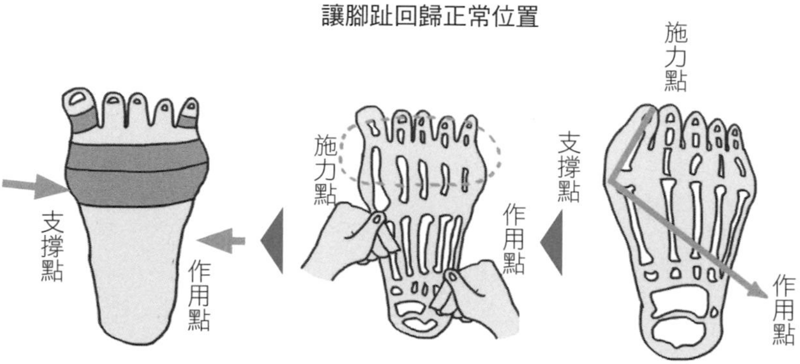
讓腳趾回歸正常位置
支撐點
作用點
施力點
作用點
支撐點
施力點
作用點

使用繃帶矯正的腳　　按壓支撐點與作用點恢復正常的原理　　不安定的腳

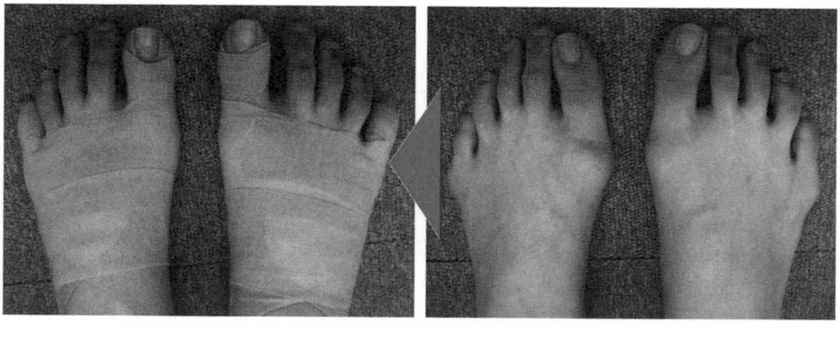

纏繃帶後　　纏繃帶前

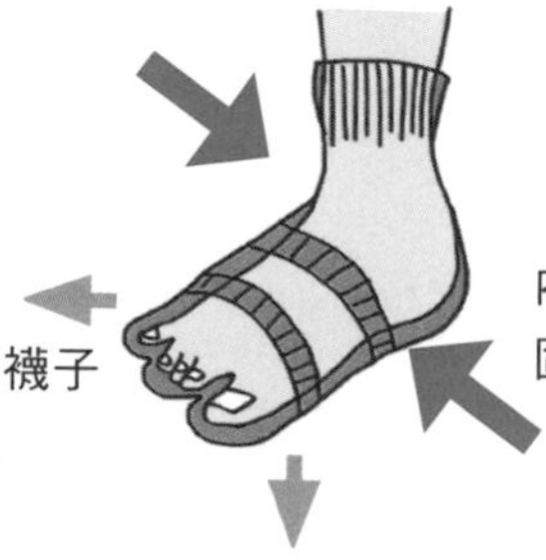

穿上繃帶襪子矯正的腳

內附兩條繃帶固定的功能

「繃帶固定法」是治療O型腿非常有效的方法，也是維持人體底座、腳底安定性不可欠缺的輔助器具。

因此，在矯正導致腳底不安穩的拇趾外翻或腳趾上翹等症狀時，絕對需要同時使用紗布繃帶固定法，於腳底纏繃帶。當腳底平衡，偏向腳後跟的重心就會回歸正常位置，讓左右平衡。底座安定後，膝蓋、髖關節、骨盆也會跟著變安定。

使用一般大型連鎖藥局銷售的繃帶。纏繃帶可以矯正腳底平衡感，對於消除拇趾外翻或腳趾外上翹等歪斜症狀或痛感也有效。纏繃帶重點是要緊纏繞已經歪斜的中足關節，恢復四個足弓形狀，平衡與安定腳底。

平衡腳底後，走路時就與重力維持協調關係，自然地走路姿勢會變正確，也是矯正O型腿的重點。

讓拇趾外翻或腳趾上翹等腳底恢復平衡感的原理就是槓桿原理，如右上圖所示。

矯正不穩腳底的繃帶纏法，可以解除成為施力點的拇趾負擔，回歸原位，同時小趾也能伸展。再按壓讓力道散去的支撐點及作用點，恢復腳底縱足弓和橫足弓的形狀，腳趾會往前伸展，平貼地面。

繃帶貼正確的話，貼好後過兩三分鐘就會忘記繃帶的存在，毫無異物感，會與自己的腳型貼合，就能發揮矯正功能。

第一次會覺得麻煩，練習四、五次後，就可以貼得很順。怕麻煩的人或皮膚容易癢的人，建議使用專用支撐帶或專用繃帶襪。

維持腳底平衡，使用腳趾走路，鍛練腳底肌力是非常重要的事。年輕人治療期約是半年，中高年者治療期約是一年。

第4章

回正！名醫傳授10大「不痠痛直腿密技」！

——每天揉一揉、動一動，就能改善腿型不正，腰痠背痛不再來！

［密技］1

透過簡單運動＋走路方法讓腿型回正！

之前第二章對於腿型不正的症狀及種類詳細說明過了，接下來將詳細說明腿型不正的形成結構。

腿型歪斜並非不治之症，絕對不要輕言放棄，也不要因為覺得麻煩而置之不理。長時間不理會的話，整個身體出現不適感的機率會非常高。

所以，請要有耐心認真治療與訓練。本章節會介紹改善腿型不正的運動與走路方法，請務必試試看。

先決條件是要讓導致腿型不正的直接因素、突出的腓骨與大轉子回歸正位。

「扭曲步行」產生的來自地面的衝擊壓力，會像槓桿原理而作用，導致各部位突出，而使腿型不正。不過，你不需要花時間和功夫，就能在家裡自行修復O型腿。只要學會居家治療方法，沒有比這個方式更便利的選擇。

那麼，首先從簡單的運動開始。

學會接下來介紹的9項運動「①膝蓋緊實屈伸運動」、「②髖關節整修運動」、「③開腳運動」、「④腳底併攏張腿運動」、「⑤趾跟復健運動」、「⑥蹲踞運動」、「⑦芭蕾舞者膝蓋緊實運動」、「⑧曲膝站立」、「⑨踏腳運動」，就能正確走路。

本書介紹的運動都很簡單，只要有可以仰躺的空間，隨時隨地都能運動，只要幾分鐘就能完成。

首先學會正確的走路方法，這是開啟腿型回正的第一道門。

「膝蓋緊實屈伸運動」改善腿型效果有五十分，剩下的五十分利用「紗布繃帶固定法」改善。

紗布繃帶固定法

膝蓋緊實屈伸運動

[密技]

2 「膝蓋緊實屈伸運動」改善輕症O型腿！

■膝蓋緊實屈伸運動■

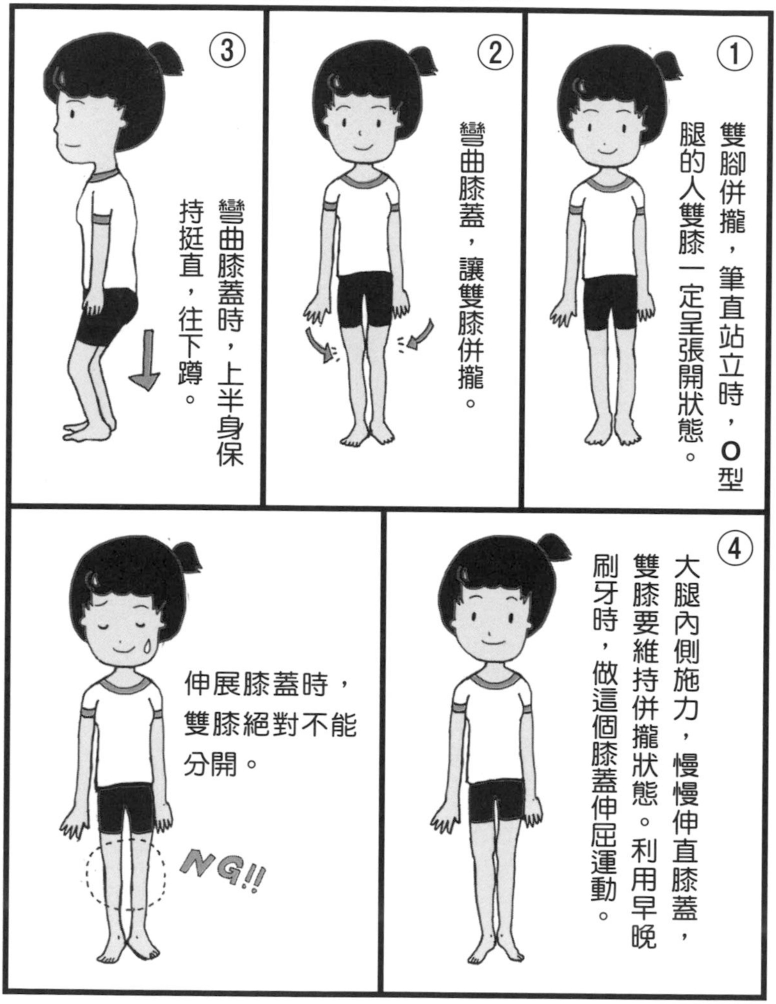
①
雙腳併攏，筆直站立時，O型腿的人雙膝一定呈張開狀態。
②
彎曲膝蓋，讓雙膝併攏。
③
彎曲膝蓋時，上半身保持挺直，往下蹲。
④
大腿內側施力，慢慢伸直膝蓋，雙膝要維持併攏狀態。利用早晚刷牙時，做這個膝蓋伸屈運動。
伸展膝蓋時，雙膝絕對不能分開。
NG!!

第一個介紹的簡單運動是「膝蓋緊實屈伸運動」。這項運動的目的在鍛鍊緊實膝蓋的肌肉，讓膝蓋不張開。

因腳底不穩變成「扭曲步行」，為了讓膝蓋和髖關節不會張開，利用這項運動鍛鍊緊閉膝蓋的能力，可以讓肌力更強壯。換言之，這項運動也算是O型腿預防運動，如果O型腿症狀不嚴重，這項「膝蓋緊實屈伸運動」可以加以改善，可說是基本治療運動。

方法就是保持正確姿勢，雙膝不能分開，一邊緊閉膝蓋，一邊慢慢地膝蓋上下屈伸。

二十下算一回合，每天早晚二回合。不僅能改善O型腿，也能緊實臀部和大腿。具體方法如下。

① 雙腳併攏，筆直站立。
② 彎曲膝蓋直到雙膝緊閉的角度。
③ 這時候注意臀部不能往後突出，上半身保直挺直，蹲下去。
④ 雙膝內側緊閉，沒有張開的狀態下伸直膝蓋。此時上半身依舊保持挺直，站起。建議利用每天早晚的刷牙時間做這項運動。

此外，像這樣使用肌肉運動或伸展時，請注意以下事項。

- 要先讓自己放鬆。
- 覺得痛時或受傷時，不要做。
- 不要勉強。
- 在身體暖和的狀態下柔軟度比較好。

這是馬上就能挑戰的運動，請務必嘗試。

［密技］3

「髖關節修復運動」讓髖關節活動性變好，並調整歪斜的骨盆！

■髖關節整復運動■

① 仰躺於軟墊上。

② 單腳彎曲，抬至胸前雙手環抱於膝，

③ 將彎曲的那隻腳朝側面傾倒，再整個伸直。雙腳各做10次。轉動腳會有「喀喀」聲音的話，請做到沒有聲音為止。

建議睡前運動，不僅能夠鬆持緊繃的髖關節週邊肌肉，還能讓身體整個放鬆，一夜好眠。

第二個運動目地是擴展髖關節活動區域，始恢復到正常位置。日常生活的站、坐、走等姿勢，都會活動到髖關節，這時候只要一個不小心，髖關節就會移位。

尤其是拇趾外翻或腳趾上翹等腳底異常時，「扭曲步行」或膝蓋過度反弓的「膝蓋反弓」會導致走路不穩，槓桿原理就會啟動，導致骨骼移位、歪斜。於是功能變差，左右腳張開角度不同，就會變成O型腿。

要避免以上情況發生，每天睡前的髖關節修復運動很有效。

① 仰躺於軟墊上。
② 單腳彎曲，抬至胸前雙手環抱於膝，
③ 將彎曲的那隻腳朝側面傾倒。保持這個姿勢，讓腿外側貼地面，再慢慢將腿朝內側轉動，再恢復原來腿伸直的姿勢。左右腳交互各做十次。

做的時候注意髖關節是否發出「喀喀」聲響。如果發出聲響，就是髖關節或骨盆移位的證據，這時候不要在意次數，要一直做到沒有聲音為止。

此外，左右腳張開角度會不一樣，有時候會有某一邊的腳無法張開，而難以張開或張開角度較小的那一隻腳要多做幾次。如果髖關節會痛，要控制次數，等到不痛再開始運動。

當髖關節恢復正常位置，可以矯正歪斜的骨盆，整個身體的平衡感也能獲得協調。

這項運動能讓髖關節活動性變好，鬆弛週邊緊繃的肌肉，讓身體整個血液循環變好。

［密技］4

「腳底併攏張腿運動」與「開腳運動」，使張開的骨盆回歸內側！

■腳底併攏張腿運動■

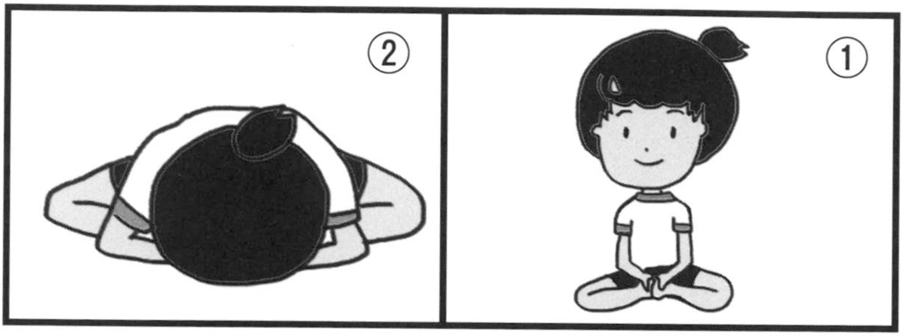

雙腳上下搖晃，以平貼地面為目標，上半身往前傾。

腳底併攏，雙膝張開。

■開腳運動■

無法馬上雙腿同時張開的話，先從單腳開始。

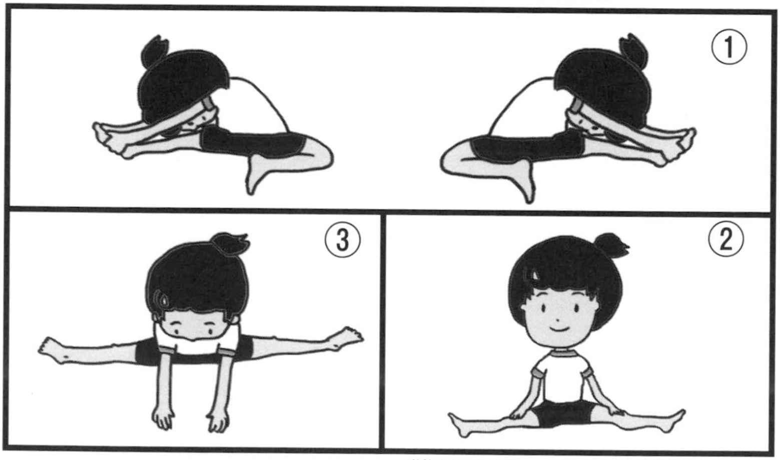

最後的理想境界是將胸部整個貼地面，慢慢來，讓自己達到這個目標。

雙腿張開，身體往前倒。剛開始以雙手手肘貼地為目標，慢慢做。或者以腿能朝側面大角度張開為目標。

髖關節歪斜，除了引發O型腿，也會導致骨盆歪斜，上半身與下半身平衡感變差。為了均衡平衡感，身體會囤積多餘肌肉及脂肪，造成下半身肥胖。歪斜還會導致週邊肌肉變硬，血液循環變差。

所以，提高人體第二底座髖關節的柔軟度非常重要。當髖關節柔軟了，就能矯正歪斜，O型腿與下半身肥胖的問題也能解決。「腳底併攏張腿運動」作法很簡單，只要打開雙膝貼地，上半身往前傾即可。

①盤坐於地上，腳底貼合，雙手抱腳尖，張開雙膝。此時標準是雙膝要貼地面。

②雙手抱著腳尖，一邊將雙膝上下搖晃，一邊將頭及上半身往前傾倒，貼近地面。全身放鬆，上半身倒至最極限。這個動作慢慢重複做五分鐘。

接下來是「開腳運動」。女性身體先天比男性柔軟，可是，最近卻有許多女性做不到這個運動，整個身體很僵硬，髖關節也移位。前面有提過，相撲比賽時，事先會做張腿運動也就是準備運動，所以相撲選手的臀部是上翹的，不會有O型腿。

建議在沐浴後身體處於暖和的狀態下做開腳運動，慢慢柔軟身體。

①盤坐於地上，一隻腳朝側面張開。

②在單腳張開的狀態，伸直身體，慢慢導向張腿的那一側。再換腳做。

③最後雙腳盡量朝兩側張開，身體往前倒，從手肘到胸部整個貼近地面，慢慢前傾。一次五分鐘，做三～四次。

［密技］5

「趾跟復健運動」強化踏地力！

■拇趾復健運動■

①

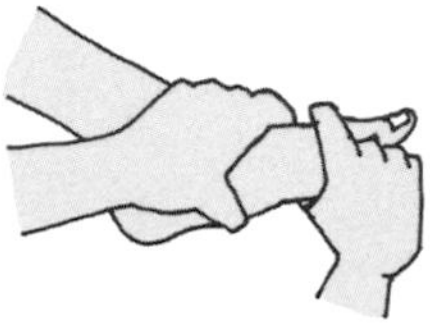

伸出一手的食指、大拇指和其他三指，握著腳拇趾。

②

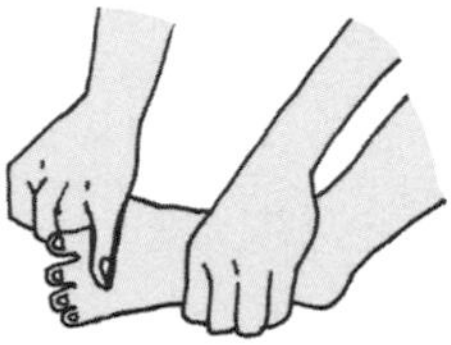

另一隻手按壓腳背，讓腳踝不會移動。

③

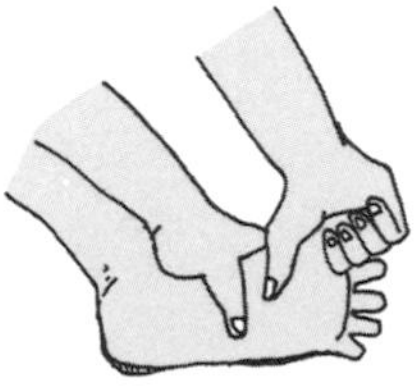

握著腳趾那隻手的大拇指置於腳底拇指根部。

④

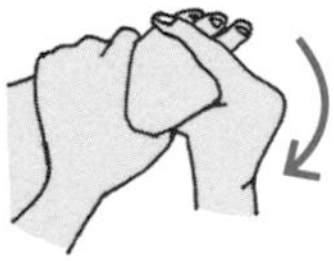

依槓桿原理，將拇趾往下彎曲。

⑤

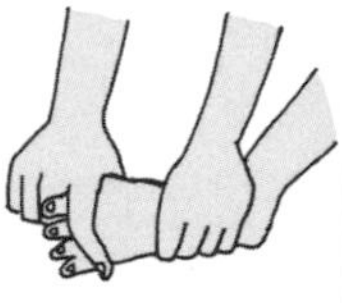

手壓著腳背，從趾根朝腳底方向深深彎下去，這是彎曲運動。

⑥

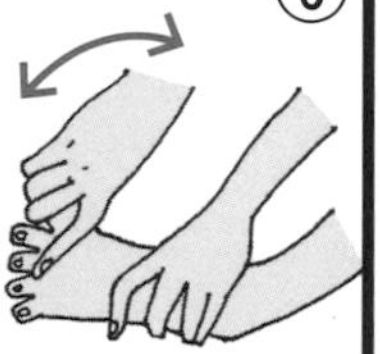

腳拇趾朝左右轉動，這是迴轉運動。

⑦

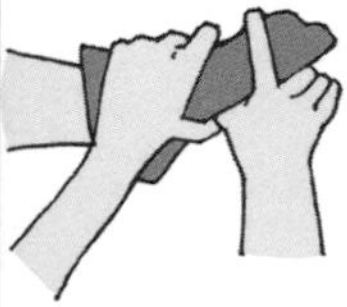

穿著繃帶襪做運動，也有相同效果。

拇趾外翻或腳趾上翹，都會導致腳底不穩等異常狀況，這是形成O型腿的根本原因。這項「拇趾復健運動」可以加大拇趾的活動區域，修復腳趾踏地力與張力。

多數現代人因為腳底受到的刺激不夠，使得腳底功能退化，腳趾也失去原有的張開貼平功能。

腳底變得像蹄狀或腳趾上翹，都是腳趾活動不足的關係。

我所發明的「拇趾復健運動」是利用雙手來彎曲、轉動腳趾，予以柔軟，加大活動區域。經常做的話，腳趾活動性變強，很容易就能撐開，踏地力與張力也會變好。

這是一個簡單又有效的運動，可以利用每天看電視時，邊做事邊運動。

如果在以下場合做，效果更好。

- 沐浴時。
- 腳底纏繃帶時。
- 穿著專用繃帶襪時。

關於拇趾復健運動，許多人只動腳趾而已，這樣是不夠的。要恢復腳底踏力與張力，不是恢復趾尖彎曲力，而是要恢復腳趾原有能力，從趾根朝內側彎曲的功能。所以要利用手來運動，才有效果。

以手的中指、無名指、小指等三指握大拇指，手的大拇指根部置於腳拇趾根部後面，將腳拇趾朝內側彎曲、轉動。重點在於活動腳拇趾根的深部，一隻腳各做五分鐘。

力道強度是隔天早上不會覺得痛為準，慢慢做即可。還有，會痛時不要做，等不痛再開始做。

[密技] 6「蹲踞運動」調整髖關節，強化骨盆上方的平衡感！

「蹲踞運動」與開腳運動都是相撲比賽時的準備運動，目的在調整髖關節的平衡感，讓骨盆歸位，正常支撐上半身。

這項運動可以調整髖關節、骨盆、腰椎的平衡感，所以是相撲等激烈運動前必做的準備運動。具體動作如下所述。

①雙腳張開比肩幅寬，蹲下彎曲膝蓋。雙手置於膝蓋，背脊伸直，雙腳盡量張開。

②慢慢地左右交互扭轉上半身。

③再換另一邊做。

④身體朝正面，腰部前後搖動。

當我們以不穩的腳底走路，加上長時間開車或俯首於桌前工作，打高爾夫球或棒球只用一邊的身體運動等的環境條件，常會導致骨盆、腰椎、脊椎歪斜（失衡）。

以上因素讓骨盆、腰椎、脊椎移位，累積肌肉疲勞，於是導致身體修復力變差，出現慢性症狀。

想調整失衡的骨盆、腰椎、脊椎，可以透過肌肉或韌帶的伸展，矯正骨骼平衡感，確保關節正常活動的區域，髖關節就會回歸正位，骨盆歪斜也獲得矯正，上半身就會端正地座落於骨盆上方。然後，藉由調整人體底座，維持身體整個平衡感，不適症狀也會消失。

■蹲踞運動■

①

雙手置於膝上，雙腳盡量張開，盡量蹲低。

②

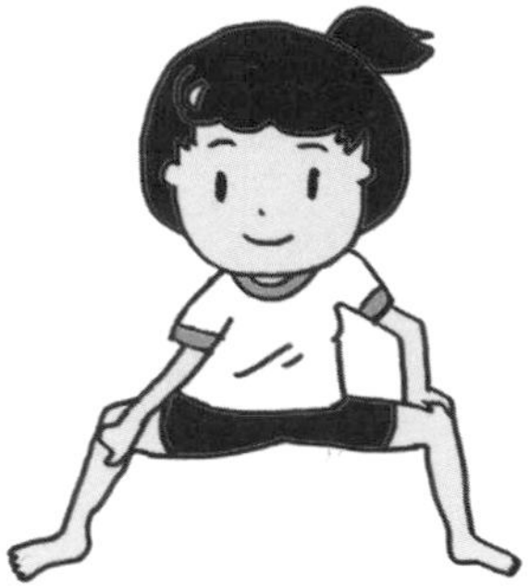

上半身朝左右扭轉。此時，肩膀往前突出的那隻手要伸直，壓著膝蓋，讓膝蓋張開，扭轉上半身。

③

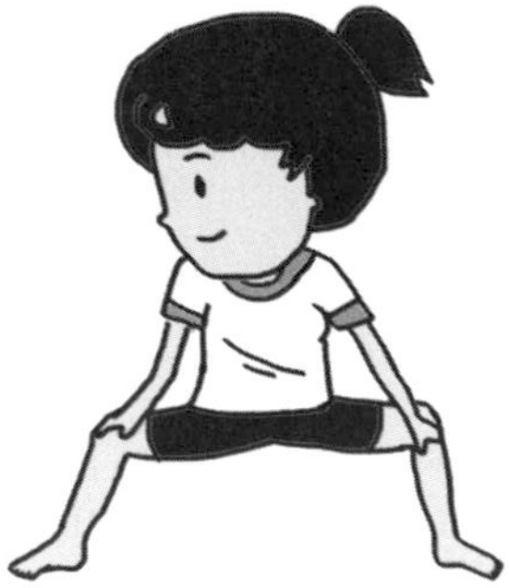

再換邊做。

④

接著身體朝正面，腰部前後搖動。此時雙腳也要盡量張開，保持蹲低的姿勢。

[密技] 7

「雙膝上抬緊實運動」，調整偏移的恥骨接合部位！

接著，介紹需要仰躺做的「雙膝上抬緊實運動」，我建議每晚睡前躺在床上的動作。

這項運動目的在於緊實腿部內側，使移位的恥骨聯合部位回正。

我相信各位都有聽過恥骨這個名詞，但是具體位置在哪裡呢？

恥骨是位於骨盆前方下面的左右一對骨頭，中央是恥骨聯合部位，將左右恥骨連接在一起。骨盆有連結薦骨與腸骨的薦腸關節，當薦腸關節歪斜，恥骨也會移位。

仰躺，以手指按壓自己的恥骨，就能知道有無移位。如果左右兩側有一邊會痛，就是恥骨移位。

深究原因是拇趾外翻或腳趾上翹導致的「扭曲步行」，當髖關節移位，骨盆會歪斜，恥骨也移位。

矯正歪斜的骨盆，就能讓恥骨回歸正位，利用以下方法鍛練腿部內側肌肉，可以矯正歪斜骨盆，連移位的恥骨也回歸正位。

①慢慢仰躺，放鬆身體。腳尖呈「八」字形，腳後跟貼合。

②小腿貼地，腿部內側施力，緊實雙腿維持一分鐘。

③保持這個狀態伸直雙腳，慢慢抬起。維持十秒，再放下腳。

做不到的人先從短時間開始，以步驟②抬腿即可。

■雙膝上抬緊實運動■

①

仰躺於床或軟墊上。

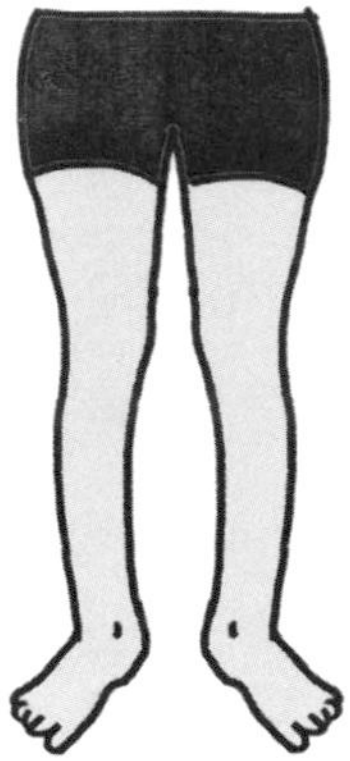

②

腳後跟貼合，腳尖呈「八」字形張開，小腿貼地，於腿部內側施力，緊實雙腿。這個狀態維持一分鐘。

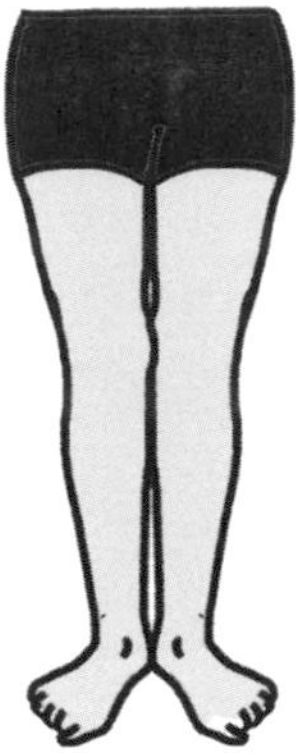

③

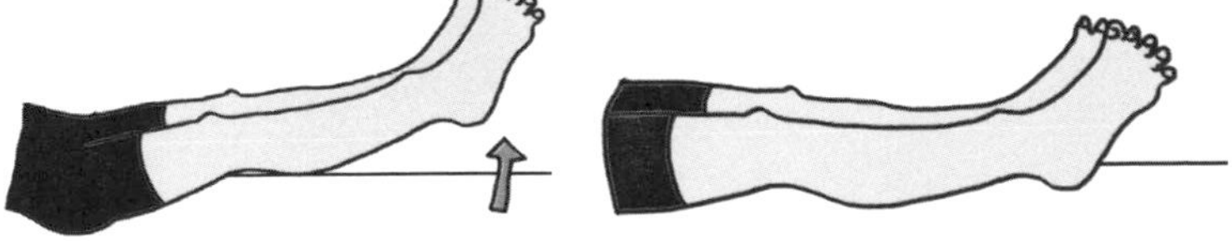

接著，雙腳伸直抬高，維持10秒。
做不到的人，以步驟②的姿勢抬腿。

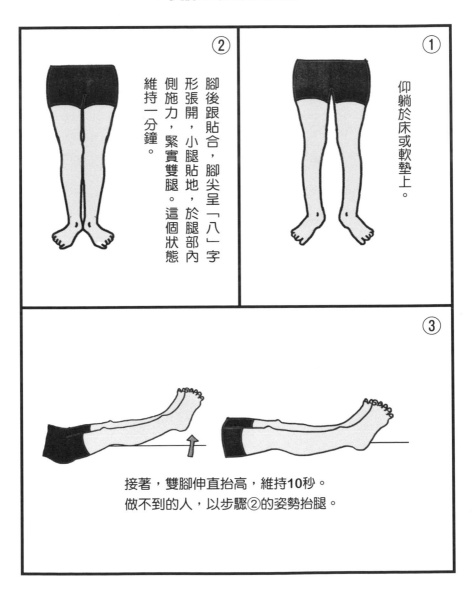

［密技］8

養成「曲膝站立」的習慣，讓身體重心往前移！

人體骨骼是由骨頭與關節所組成，在日常生活所有支撐身體的行為中，許多時候都過度仰賴骨頭。

膝蓋過度反弓的「膝蓋反弓」是依賴骨頭的代表姿勢。膝蓋反弓是依賴骨頭站立，導致膝蓋過度反弓，於是雙膝之間有了縫隙，重心也偏移至腳後跟，導致O型腿更嚴重。

此外，來自腳後跟的多餘衝擊力與扭曲壓力會不斷傳至身體引起疼痛或不適，所以不要仰賴骨頭站立，而是靠肌肉支撐站立。腿歪斜也一樣，只要鍛鍊肌肉，就能早日矯正。

方法就是養成稍微曲膝站立的習慣，就能培養矯正腿型的肌力。

「曲膝站立」的具體方法是雙腳張開與肩幅同寬，雙膝略彎站立，這時候腳底安定，也能調整膝蓋、髖關節、骨盆的平衡感。

這個姿勢很簡單，每天通勤搭車時就可以做。剛開始可能身體會搖晃，覺得有點難受。習慣以後，就能訓練對腳趾施力。

彎曲膝蓋讓重心往前移，自然就能對腳趾施力，也能強化腳趾踏地力。尤其走路時，曲膝的話就不易累，這就是最佳證明。

首先以運動十分鐘為標準，習慣後再往上加時間。學會這個姿勢後，就能擁有美麗的走路姿勢。

■曲膝站立■

① 彎曲膝蓋，重心會往前移，並對腳趾施力。

② 在通勤的車廂裡，可以手抓吊環，輕鬆運動。

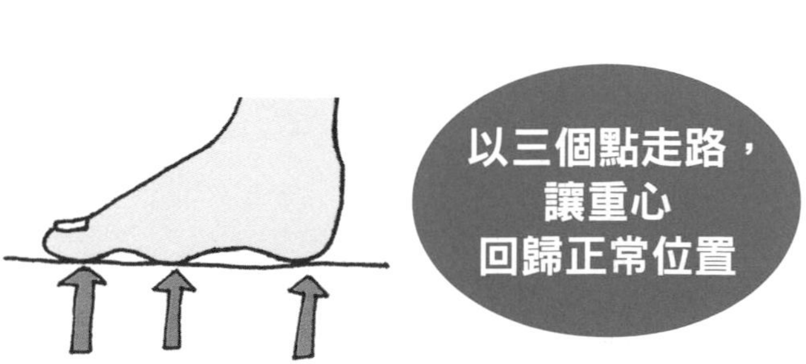

［密技］9

從室內就能輕鬆做的「踏腳運動」開始！

前一個單元介紹的「曲膝站立」是矯正膝蓋過度反弓的「膝蓋反弓」運動，目的讓偏移的中心回到前面。走路時讓重心落於腳後跟的話，身體會失衡，導致腿型歪斜。

現代人因腳趾上翹或拇趾外翻，導致腳底歪斜的人數有激增趨勢，導致腳趾無法撐平貼地，上翹愈嚴重，重心愈容易落於腳後跟。

加上「膝蓋反弓」，走路時膝蓋不會抬高，變成拖著腳後跟走路，或以腳後跟著地。

鞋底腳後跟外側被磨平的話，就是膝蓋無法上抬的證據。

當我們伸直膝蓋，以腳後跟著地走路時，無法將來自地面的多餘衝擊力和扭曲壓力吸收，這些力道會傳至上半身，破壞整個身體的平衡。

可是，當身體長時間習慣這樣的走路方式，很難輕易改變，尤其是重心落點。

因此，在養成正確的走路方式前，必須先做足重要的準備運動。這個運動就是可以在室內做的「踏腳運動」。這項運動的重點在鍛鍊膝蓋上抬的腳力。

只要有半坪的空間，就可以做踏腳運動，等於隨時隨地都能做。

手臂伸直，與地板平行前後擺動，將膝蓋垂直抬高，著地時腳尖用力。

首要重點就是讓自己的身體記住抬膝走路的姿勢。

■踏腳運動■

①

膝蓋垂直抬高，手臂伸直，垂直擺動。

②

走路前，先做這個準備運動，就能正確走路。

培養正確走路姿勢腳力的準備運動

［密技］10

學習正確的走路方法，改善歪斜腿型！

■正確走路方法■

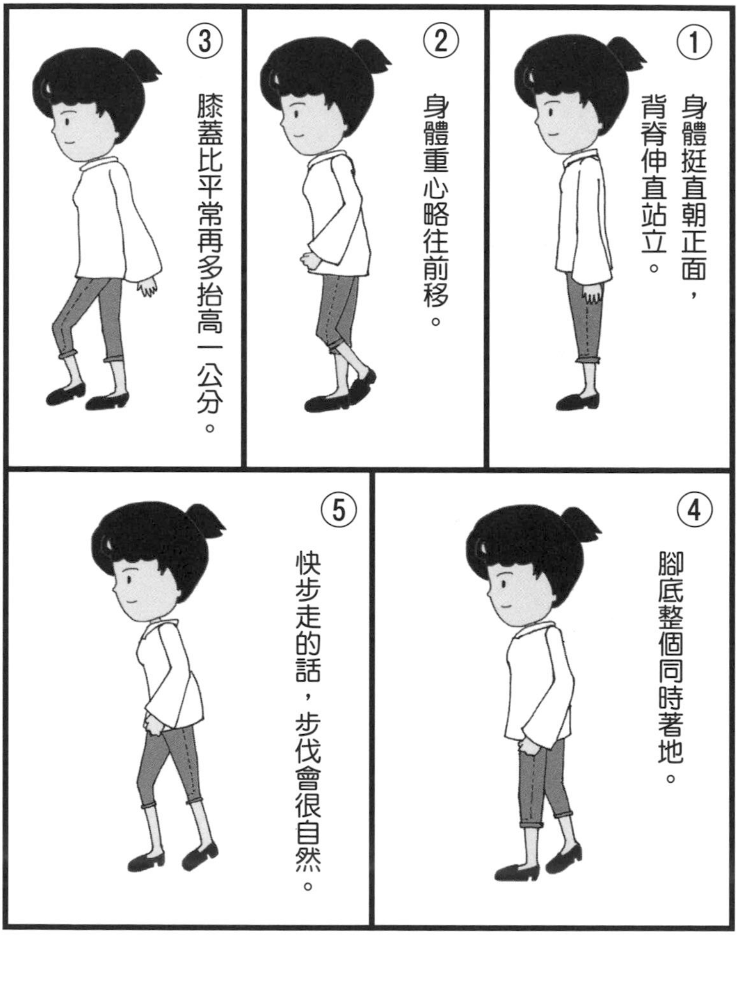
①
身體挺直朝正面，
背脊伸直站立。
②
身體重心略往前移。
③
膝蓋比平常再多抬高一公分。
④
腳底整個同時著地。
⑤
快步走的話，步伐會很自然。

本章節最後傳授各位正確的走路方法。

近幾年因為健康意識抬頭，足部保養蔚為風氣，大家對於腿部健康或走路方法的關注度也大幅提升。

這是一個好現象，可是各種資訊充斥，讓人無法分辨孰對孰錯。

想從氾濫的資訊中選擇正確資訊，變得難度更高。

因此，本單元將矯正各位對於走路方法的誤解，並詳細介紹正確的走路方法。

首先是大家對於走路方法的誤解，最常見是以下三項。

- 腳後跟著地。
- 步伐要大。
- 膝蓋伸直走路。

這三個誤解反而會破壞身體的平衡感，千萬疏忽不得。

正確走路方法的基本動作並不是腳跟著地，而是大拇趾、小趾的根部與腳後跟等三點同時著地。步伐不需要刻意變大，以能夠自然三點步行的速度走路，跨出適合自己的步伐，讓身體不會搖擺。

在搭配「拇趾復健運動」，利用伸展腳趾的運動，培養腳趾的踏地力，讓來自地面的壓力不會傳至身體。支撐身體的腳底雖然只佔體表面積的1%，但是卻能以巧妙的平衡來控制時刻在活動的身體。

腳底同時還具備緩和來自地面重力壓力的功能，為了讓腳底充分發揮功能，走路時要輕抬膝蓋，就能夠正確走路，讓腳底保護身體。

第5章

警告！腿型歪斜的12大罪狀，讓你全身都痠痛！

——膝蓋疼痛、腰痛、臉歪嘴斜都跟腿型不正有關！

1 腿型不正是導致膝蓋疼痛的最主要原因！

■膝蓋疼痛■

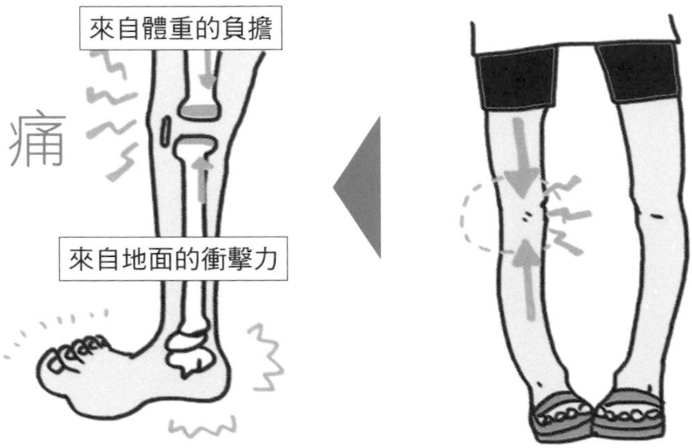
來自體重的負擔
痛
來自地面的衝擊力

O 型腿造成的「變形性膝關節症」

O型腿症狀的膝蓋會將重力集中於膝蓋內側。加上拇趾外翻或腳趾上竅，導致重心偏移至腳後跟，降低腳底氣墊功能，每走一步路，來自地面的多餘衝擊力會不斷傳至膝蓋內側，導致膝蓋變形或疼痛。這就是一般常見的膝蓋痛症狀「變形性膝關節症」。

▼30歲女性（腳趾上翹、膝蓋以下O型腿）

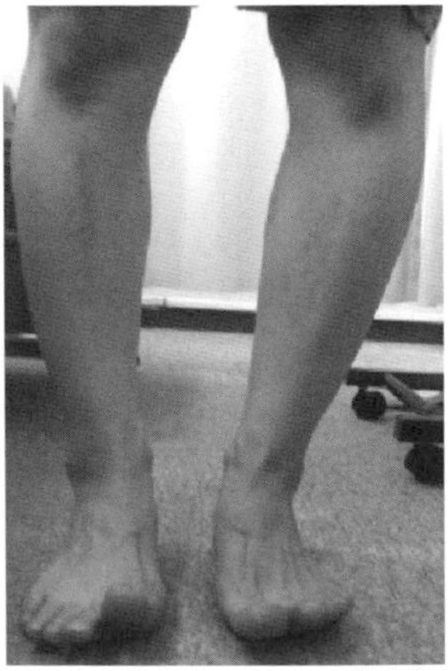

【症狀：膝蓋痛、肩膀僵硬、腰痛】

▼60歲女性（拇趾外翻、O型腿）

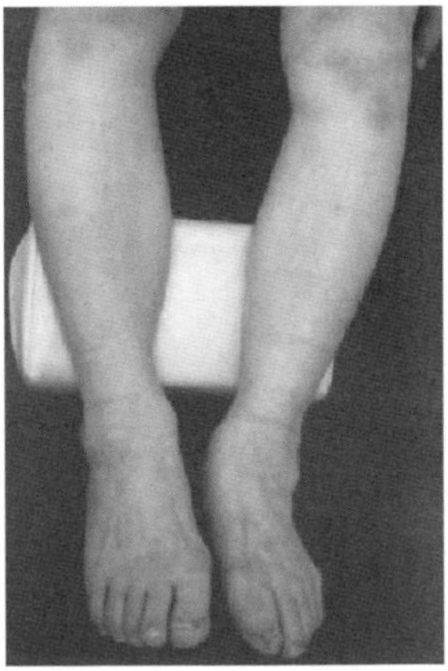

【症狀：變形性膝關節症、腰痛】

膝蓋痛最常見的是膝蓋內側疼痛，一般都將原因歸咎為老化、運動過度、年紀大、過胖等，認為是不治之症。

可是，根據我的長年治療經驗，在同樣條件下做相同的事，有的人會痛，但是有的人膝蓋卻不會痛，所以上述的說法充滿矛盾。

因為，如果年紀增長、老化、肥胖是導致膝蓋變形的原因，不就等於每個人都會有膝蓋疼痛的問題。

那麼，膝蓋痛的真正原因究竟為何？

之前提到，因拇趾外翻或腳趾上翹導致身體底座（腳底）不穩，來自地面的壓力和體重的負擔不斷衝擊置膝蓋的關節面，因而導致疼痛。尤其是習慣「扭曲步行」的O型腿人，為膝蓋痛苦惱的機率很高。

因拇趾外翻或腳趾上翹導致扭曲步行的話，腳尖回朝外側滑移，基於槓桿原理引發O型腿，體重重力集中於膝蓋內側，關節變歪斜或變形。

當腳底不穩，會導致足弓功能變差，膝蓋不斷承擔多餘的衝擊力及扭曲壓力，破壞膝蓋內側，接著演變成變形或疼痛。

根據統計，腿型歪斜或膝蓋痛的人當中，超過95%有拇趾外翻或腳趾上翹的情況，這就是最佳證據。

因此，腿型不正的人即便現在膝蓋不痛，也不能掉以輕心。搞不好你的膝蓋已經因為承受來自地面的壓力而開始變形了。

當承受度超過臨界點時，會突然覺得膝蓋痛，請務必十分小心。

儘管腳底異常會帶給我們身體莫大的影響，但是卻有許多人未察覺到這一點，這才是最大的問題。

2 無法做「開腳運動」的人，要避免激烈運動，否則易有危險！

腿型不正的人，疲累感比一般人多出三至四倍

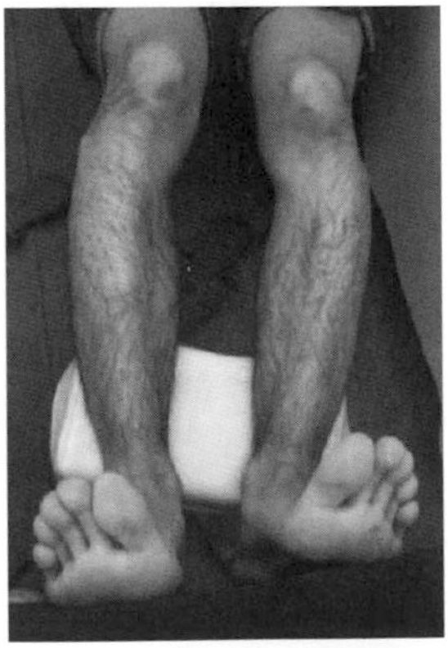

【症狀：脊椎側彎、腰痛】

▼17歲男孩、棒球（拇趾外翻、O型腿）

腿型不正的人因為「扭曲步行」走路，必須承受來自地面的壓力，會導致上半身失衡。尤其身體重心往腳後跟偏移，走路時容易身體往前傾。

於是，小腿脛和大腿的肌肉為了讓身體維持平衡而過度施力，處於緊繃狀態，疲倦感也加重。

根據我的經驗，腿型不正的人疲累感比一般人多出三至四倍。尤其是美髮師或銷售員等需要站著工作的人，疲累感更沉重。一旦變成O型腿，膝蓋腓骨和髖關節的大轉子會往外突出，身體骨骼失衡，無法「開腳運動」。

在這樣的狀態下激烈運動，很容易就受傷，非常危險。

當骨骼安定，身體防禦機制才能正常運作，失衡的骨骼得到致命性傷害的風險很高。

再一次說明，開腳運動能讓移位的骨骼、變淺的髖關節大轉子位置回正歸位。

而且，開腳運動具備以下兩大效果。

第一個效果是「調整全身的平衡感」。調整上半身與下半身平衡感，讓背骨正常處於骨盆上方，維持體態平衡，安定整個身體。

第二個效果是「消除下半身瘀滯現象」。讓離心臟最遠的下半身血液順利返回心臟，消除瘀滯現象。

能夠確實做到開腳運動的人身體都很柔軟，皮膚和臉蛋看起來很年輕且健康，這就是最佳證據。當髖關節大轉子移位，變淺受到壓迫，會因緊繃導致通往上半身的血液循環變差，出現瘀滯現象，雙腿浮腫，於是乳酸囤積，身體就容易覺得累。張腿運動不僅能矯正O型腿，抗老化效果也非常優異。

3 腰痛、膝蓋痛竟與腿型不正有關係?!

■腰痛■

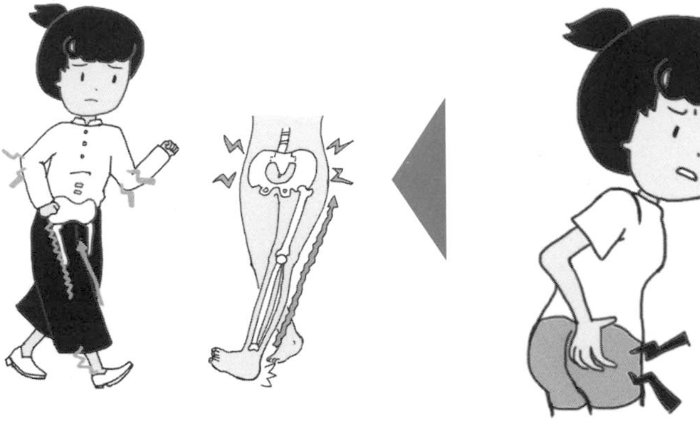

一旦拇趾外翻或腳趾上翹，重心會往腳後跟偏移，每走一步路，來自地面的多餘衝擊力就會傳至腰部。再加上腿型不正會引起「扭曲步行」，導致髖關節和骨盆歪斜，演變為腰痛。

▼19歲女性（腳趾上翹、O型腿）

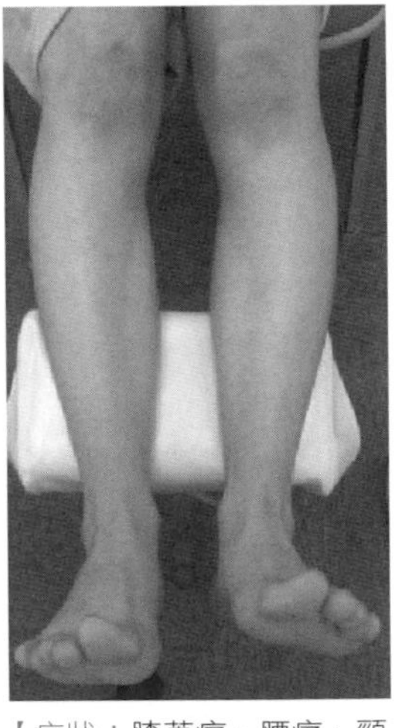

【症狀：膝蓋痛、腰痛、頸部僵硬、自律神經失調】

▼20歲女性（腳趾上翹、O型腿）

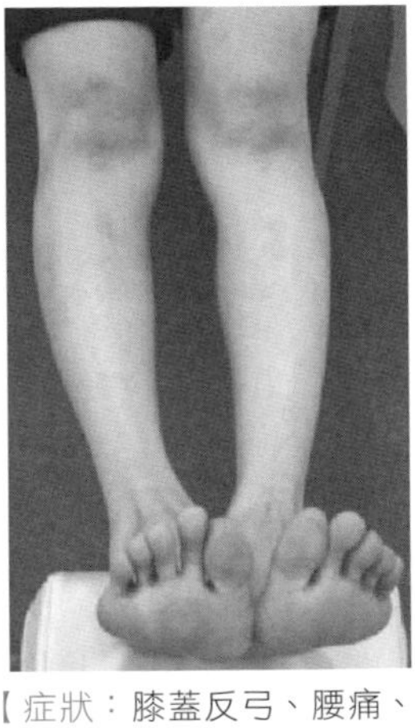

【症狀：膝蓋反弓、腰痛、頸部僵硬、頭痛】

世上為腰痛所苦的人應該很多吧？

許多人因為慢性腰痛來我的醫院看診。這些患者去過各地的醫院或治療中心，但都無法根治，抱持最後的希望來我這裡就診。

很多人以為，腰痛一旦變成慢性化，是否毫無根治的希望？

根據我的治療經驗，腿型不正的人很容易演變成膝蓋痛及腰痛。只要找出根本原因，對症治療，一定可以根治。

腿型不正或膝蓋痛的原因在於髖關節或骨盆歪斜、變形。

具體說來是因為拇趾外翻或腳趾上翹導致腳底不穩，為了維持身體平衡，腰會出力，結果導致腰部朝前後、左右或上下歪斜。

譬如，出現腰部反弓、過度彎曲、朝左或右歪斜的現象，導致腰部不是呈現原有的彎曲角度。

當歪斜角度變大，負責吸收來自地面衝擊力的腳底避震功能會變差，於是多餘衝擊力及扭曲壓力就會從腳底不斷傳送至腰部，導致腰部變形，超過臨界點腰痛就出現了。

容易閃到腰的人就算平常不會腰痛，但是上述因素已有90％囤積於腰部，剩下10％的輕微影響力總是在無意發生，便引起腰痛。

總而言之，長時間累積的壓力因些微力道突破臨界點時，就等同一次就造成百分百的傷害，於是覺得劇痛無比。

腿型歪斜不僅會導致膝蓋痛，也會引發腰痛，請大家務必明白箇中因果關係。

4

「扭曲步行」是導致小腿脛疼痛或發麻的原因！

腿型歪斜的人會為膝蓋痛或腰痛所苦，但也會有其他困擾，譬如小腿脛肌肉緊繃、疼痛或發麻。

同時會覺得腳很重，有倦怠感，容易累，容易絆倒，容易浮腫等症狀。

這是因為拇趾外翻或腳趾上翹導致腳底足弓功能變差，以趾跟和腳後跟兩個地方走路，結果養成無意識下將腳尖翹起的「腳趾上翹走路」習慣。

腳趾上翹走路時，小腿脛肌肉會承受重力，因為重心集中於小腿脛肌肉，讓雙腳更累。加上拇趾外翻或腳趾上翹導致腳底異常，變成腳尖朝外滑移的「扭曲步行」。

扭曲步行時，扭曲壓力會上下夾住小腿脛，像擰乾抹布般，將小腿脛朝相反方向扭曲，疲累感更加倍。

肌肉因緊繃變硬，神經也被麻痺，覺得小腿發麻。

尤其是O型腿的人，除了腳趾上翹走路，加上扭曲步行的關係，身體會愈來愈不安穩。於是，上半身為了調整不穩失衡的身體底座，加上來自小腿脛肌肉的負擔，便出現疼痛症狀或發麻現象。

O型腿的人腳尖會朝腳背方向被按壓般翹起，小腿脛會出現類似肌肉疙瘩的隆起形狀，當有這些症狀，就是發出危險訊號。

■小腿脛疼痛■

上下夾著小腿脛，朝相反方向扭曲的破壞力。

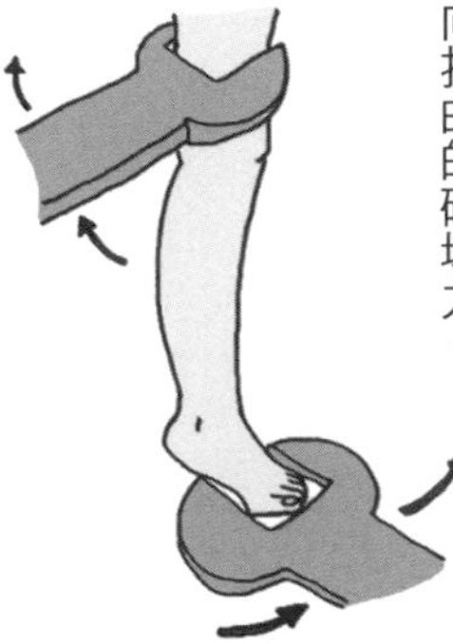

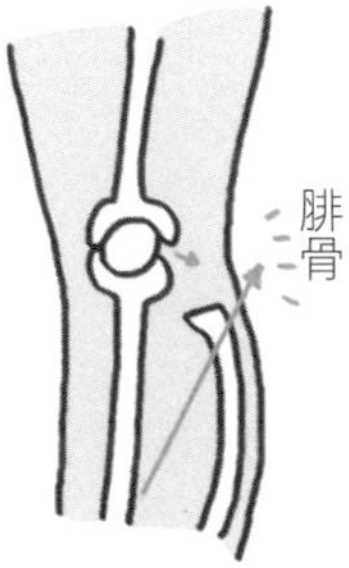

扭曲破壞力讓腓骨有疲累感，進而引起骨折，壓迫神經，引發疼痛或發麻。

小腿脛疼痛或發麻

腳趾上翹或拇趾外翻

▼50歲女性（腳趾上翹、O型腿）

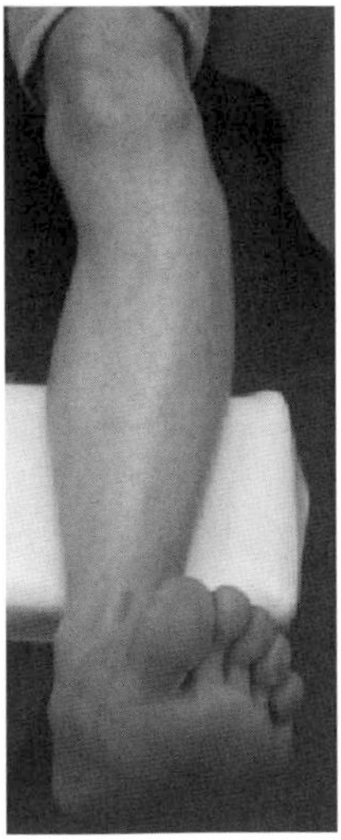

【症狀：小腿脛疼痛、頸部僵硬、自律神經失調】

▼50歲男性（腳趾上翹、O型腿）

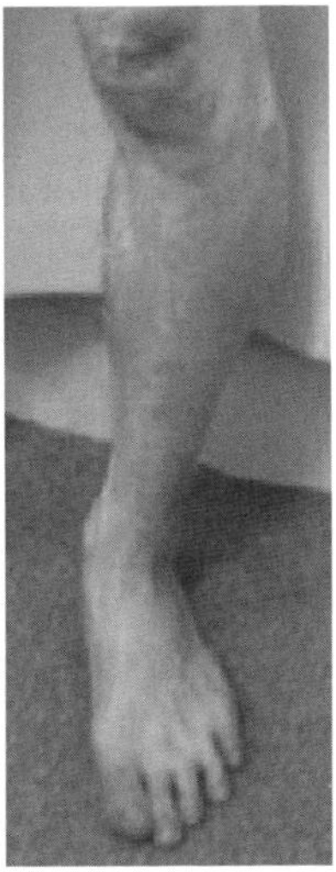

【症狀：小腿脛疼痛、腓骨疲累骨折】

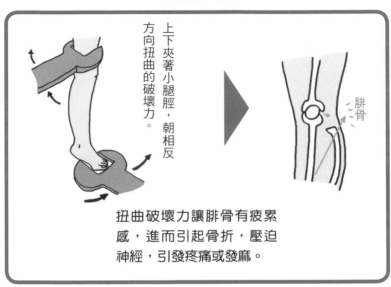

5 腳底不穩與腿型歪斜，會導致髖關節變形或疼痛！

一旦O型腿惡化，髖關節會移位，出現「早上邁出第一步就覺得髖關節疼痛」、「通勤時髖關節痛」、「穿高跟鞋外出後，髖關節會痛」、「長時間出門後或長時間站立後，髖關節就痛」、「大腿根部痛，腳無法抬高」等症狀。

最近像這樣為髖關節疼痛所苦的女性有增多趨勢。嚴重時，照X光可以清楚確認有變形，或者因為髖關節骨頭磨損，照不到髖關節，被診斷為「先天性髖關節脫臼」。

髖關節疼痛跟拇趾外翻、腳趾上翹一樣，都是好發於女性身上的症狀。因為女性身體的肌力比男性弱，加上關節較淺容易覺得痛。

前一個單元也提過，腿型不正的人會因腳底不穩變成「扭曲步行」，扭曲壓力會上下夾著小腿脛，像擰抹布般朝左右方向扭轉，讓小腿脛更覺疲累。

同時，「扭曲步行」會啟動槓桿原理，來自地面的壓力導致髖關節歪斜，多餘的衝擊力和扭曲壓力就不斷地傳至歪斜的髖關節，引起疼痛。換言之，一旦是O型腿，來自地面的壓力會傳至大腿骨的大轉子，導致髖關節移位而突出。

結果，衝擊力和扭曲壓力就集中於大腿骨的骨頭部位，因為不斷施壓，導致發炎、變形。對O型腿患者而言，這是必然會發生的疼痛現象。

■髖關節疼痛■

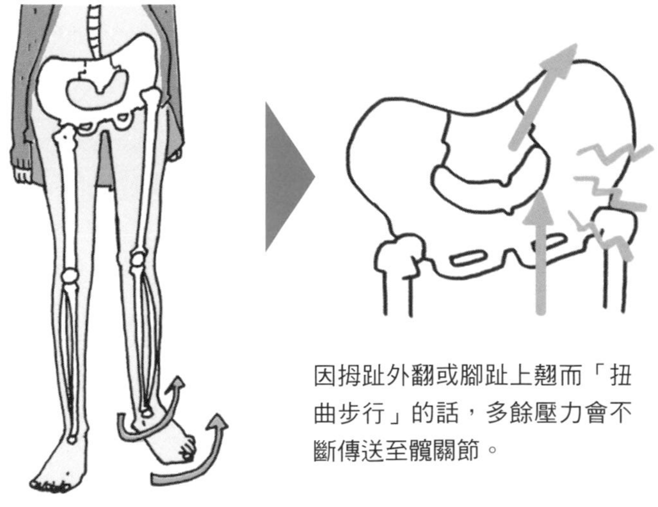

因拇趾外翻或腳趾上翹而「扭曲步行」的話，多餘壓力會不斷傳送至髖關節。

6 腿型不正還會弱化「肌腹運動」，導致血流循環及淋巴循環變差！

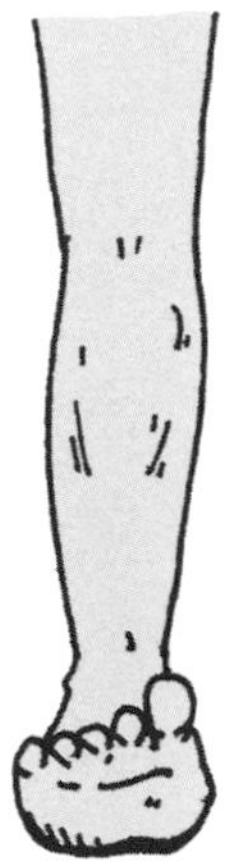
瘀滯現象

腳趾上翹走路

【症狀：小腿脛腫脹、腿浮腫】

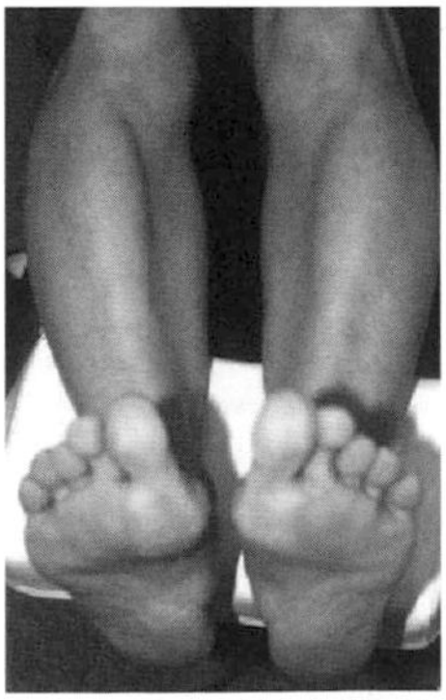

▶ 40 歲女性（拇趾外翻；腳趾上翹、O 型腿）

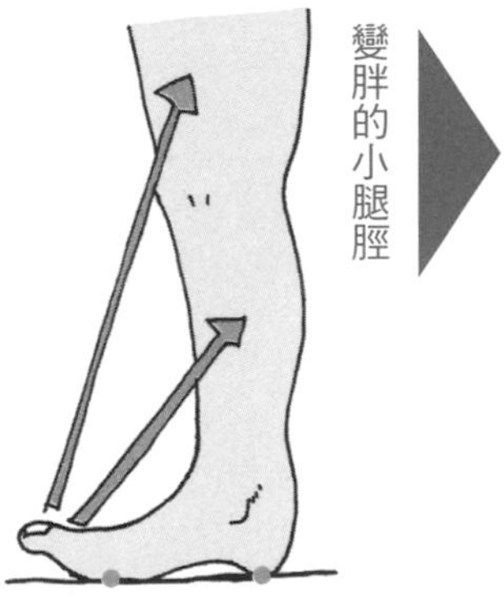
變胖的大腿
變胖的小腿脛
不安定的兩點步行

一旦腳趾上翹或拇趾外翻，腳趾就無法平貼地面，多餘肌肉會囤積於小腿脛或小腿，導致疲勞、變硬，「肌腹運動」的功能也會變差。

我們常說「腳是第二個心臟」，那是因為腳將從心臟送出的血液運行至下半身末稍部位，然後再將血液送回心臟。上述作用稱為「肌腹運動」，必須雙腳功能處於正常狀態才會正常運作。

可是，如果因拇趾外翻或腳趾上翹導致腳底不穩，腳趾無法貼地，必須透過小腿脛和小腿來維持平衡感，結果導致肌肉疲累、變硬，肌腹運動無法完全作用。

於是，「第二個心臟」的腳功能鈍化。血液於下半身瘀滯，導致血液循環不良，最後連淋巴循環也變差。

淋巴的功能是搬運不被靜脈所吸收的多餘老舊廢物。老舊廢物清除乾淨後，會再回到靜脈。淋巴還有守護身體，不受細菌侵襲的免疫功能。

淋巴結會變成濾網，過濾老舊廢物和細菌，保護身體不生病。

腿不直的人因為「扭曲步行」的關係，肌肉一直處於緊繃狀態，加上肌腹運動鈍化，淋巴循環變差，身體也出現不適感，對身體造成不良影響。

如果是這種情況，抬腿睡覺可以讓雙腿血液循環變好，浮腫也會消失。關於抬腿高度，雖說最好是心臟位置的三倍高度，但是一般人不太能掌握確實的高度，大約是60度的高度就可以。

當腳底恢復平衡，學會正確走路姿勢，小腿和小腿脛的負擔會減輕，「肌腹運動」會變活絡，瘀滯於下半身的血液就會順利流回心臟。於是，心臟的泵浦作用變強，同時基礎代謝率也提升，還能燃燒脂肪，達到瘦身效果。

7

頸部僵硬、肩膀僵硬、頭痛、暈眩都跟O型腿及腳底不穩有關！

頸部僵硬！
暈眩！
頭痛！

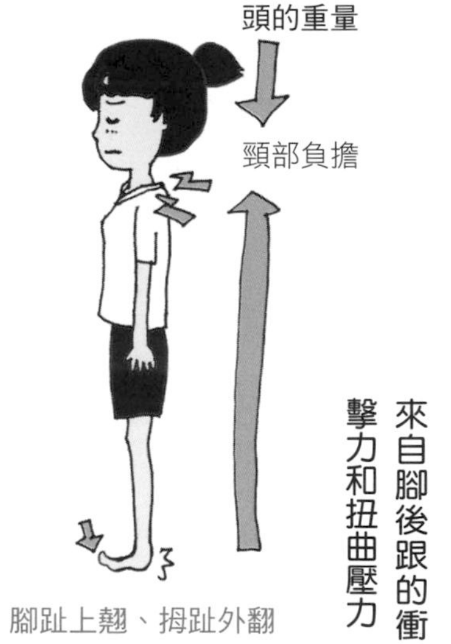
頭的重量
頸部負擔
來自腳後跟的衝擊力和扭曲壓力
腳趾上翹、拇趾外翻

一旦腳趾上翹或拇趾外翻，重心會朝腳後跟偏移，緩和來自地面衝擊力的免震功能就會變差。

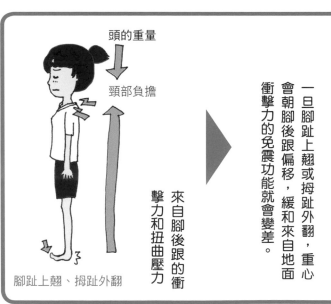

許多女性深受頸部僵硬、肩膀僵硬、頭痛等問題所苦。尤其長時間俯首桌前，面對電腦工作的粉領族，肩頸僵硬或疼痛是她們極大的困擾。

這時候去整脊中心或脊骨神經醫學中心舒緩僵硬和疼痛也是很重要的事。可是，只做這些當下確實變輕鬆，卻無法根治。

那麼，到底該如何做才能徹底改善？首先請觀察自己的腳，也就是身體底座。

如果有拇趾外翻或腳趾上翹等腳底異常現象的人，除了有O型腿，常會伴隨頸部僵硬、肩膀僵硬、頭痛、暈眩等問題。

因為「扭曲步行」的線，來自地面的衝擊力不僅會傳至膝蓋、髖關節、骨盆、腰，還會傳至背骨、頸部，導致歪斜。

由於不穩的腳底無法吸收來自地面多餘的衝擊力和扭曲壓力，只會不斷傳至歪斜嚴重的部位。

當頸部變形，周邊肌肉也會緊繃，引起肩頸僵硬。尤其頸椎附近是自律神經集中區，當頸椎變形，就會刺激自律神經，導致失調。

於是，血管也被壓迫，血流無法順暢，需要輸送至腦部的氧氣和血液就會不足。

身體為了恢復正常功能，血管會擴張，再配合心臟的脈動，出現刺痛或悶痛的頭痛現象。日本的安眠藥與頭痛藥服用量是世界第一，但根據我的經驗，最佳頭痛與失眠對策是學習狗的呼吸方式——「狗式呼吸法」。

這個方法就是在模仿狗在發出「哈哈」聲的呼吸方式，可以吸進較多的氧氣，讓頭腦清醒，也能消除頭痛和暈眩問題。

學會狗式呼吸法，也算是治療頭痛或暈眩的特效藥之一。

8 腳底異常和腿型不正，會導致自律神經失調！

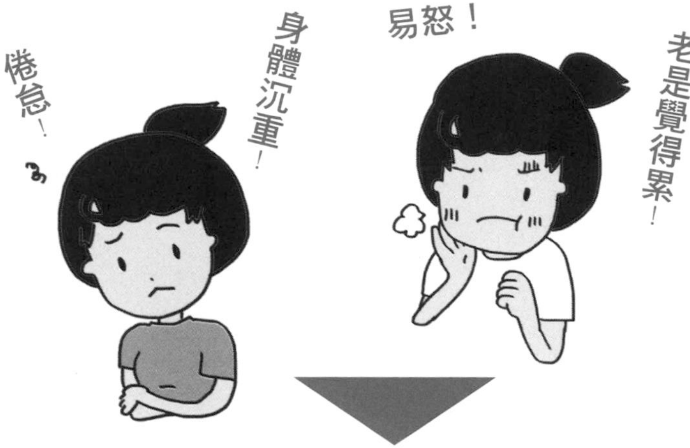

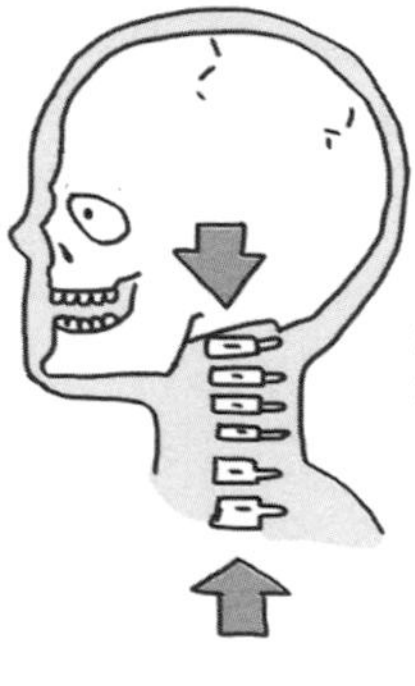

頸椎與頭蓋骨的接合部位有自律神經通過。

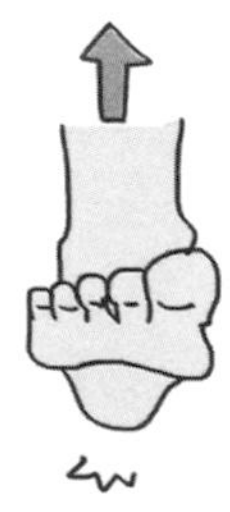

因拇趾外鞍或腳趾上翹導致腳底足弓功能變差，來自腳後跟的多餘衝擊力和扭曲壓力會不斷傳至已經歪斜的頸椎，引發變形。於是，壓迫自律神經，導致自律神經功能失調。

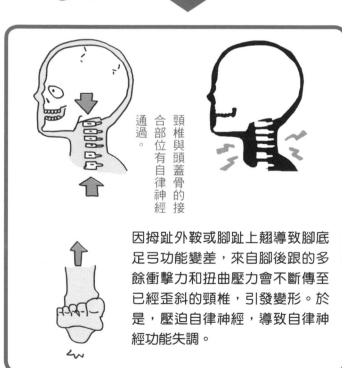

最近有愈來愈多人並沒有生病，卻出現以下不明原因的症狀。「腳很累、容易浮腫」、「總覺得身體沉重」、「很容易覺得累」、「心情憂鬱，很難過」、「易怒、歇斯底里」，如果出現以上症狀，就算去醫院也無法根治。

其實這些不適症狀多數也跟導致腳底不穩、腿型不正的原因——拇趾外翻或腳趾上翹有關。

換言之，「扭曲步行」和「反弓膝蓋」所產生來自地面的壓力會傳至膝蓋、腰部、背部、頸部，讓失衡嚴重的頸椎也疼痛。

頸椎位於脊椎最上方，乃是控制自律神經功能的部位，一旦承受壓力，控制各器官和內臟的功能會錯亂，導致失調。當這些症狀惡化，恐發引發自律神經失調，如果有這些症狀，首先請確認自己的腳底。

自律神經是由「交感神經」與「副交感神經」所組成，在我們活動時，交感神經會運作；當我們靜處時，傳交感神經會運作。人體在健康狀態時，兩個神經會協調作用。

因為自律神經集中於頸椎部位，當「扭曲步行」與膝蓋過度反弓產生的壓力傳至頸部，就會壓迫頸部周邊的神經。於是出現傳達不良住況，交感神經和副交感神經有一方作用過度旺盛，或兩者輪流失衡。

結果，引發了高血壓、低血壓、懼冷症、暈眩症、便祕、腹瀉等症狀，情況當然是因人而異。

我光是在初檢階段，就治療過超過十萬名的自律神經失調患者，有沒有自律神經失調，觀察腳底和頸部就會知道。尤其是O型腿的人，常會伴隨扭曲步行和膝蓋反弓等問題，讓症狀更嚴重，千萬疏忽不得。

9 腳底異常與腿型不正，是生理痛、便祕、腹瀉、懼冷症的隱藏性原因！

自律神經失調症狀有生理痛、便祕、腹瀉、懼冷症等。因拇趾外翻或腳趾上翹導致「扭曲步行」是腿型不正的原因。但如果有O型腿，再加上「反弓膝蓋」，膝蓋以下的身體會失衡，步行力會衰退，免震功能也變差。

在這樣的狀態走路，來自地面的多餘衝擊力和扭曲壓力會不斷傳至腰部和頸部，引發變形或輕微疲勞性骨折。

自律神經集中於頸部，當多餘衝擊力和扭曲壓力不斷傳送至歪斜的頸部，加上還要承擔頭部重量，頸椎一號與頭蓋骨接合部位會變形，自律神經作用會錯亂。於是引發嚴重懼冷症、生理痛、便祕、腹瀉。

腸蠕動或便意等情報的傳達也是自律神經的工作。自律神經由交感神經與副交感神經組成，這兩個神經保持中立，以維持健康狀態。

可是，當某一方作用過度旺盛，無法維持中立，就會便祕或腹瀉，或是便祕與腹瀉反覆出現。

腳底異常和O型腿，再加上膝蓋過度反弓的話，骨盆和腰椎也會歪斜。於是，來自腳後跟的多餘衝擊力和扭曲壓力會不斷傳送至歪斜嚴重的部位，再加上體重的負擔，使得腰椎變形，並壓迫坐骨神經。

這些現象會引發腰痛、懼冷症、生理痛等不適症狀。所以請記住，腳底異常和O型腿會導致頸部異常，除了上述症狀，也會導致頭痛、肩膀僵硬、暈眩、腸胃不適、失眠等各種不適症狀。

懼冷症

腹瀉

便祕

生理痛

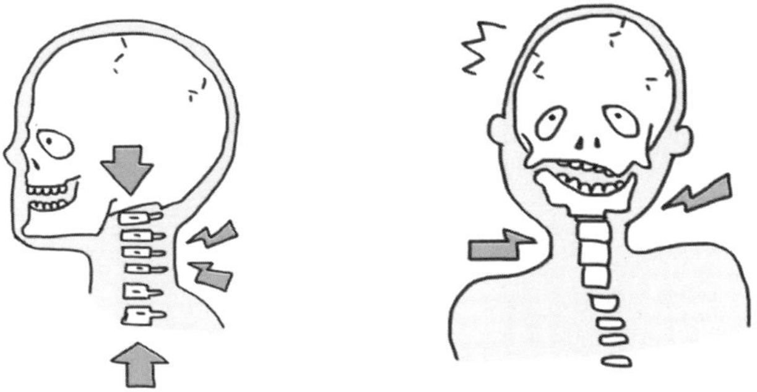

不穩腳底導致兩點走路，使得重心往腳後跟偏移，
多餘衝擊力就不斷傳送至頸部。

10 「足頸性憂鬱症」的最大原因，是腿型不正及膝蓋過度反弓！

焦慮不安、心跳加速、躁鬱等

交感神經與副交感神經失調，
某一方的作用過於激烈。

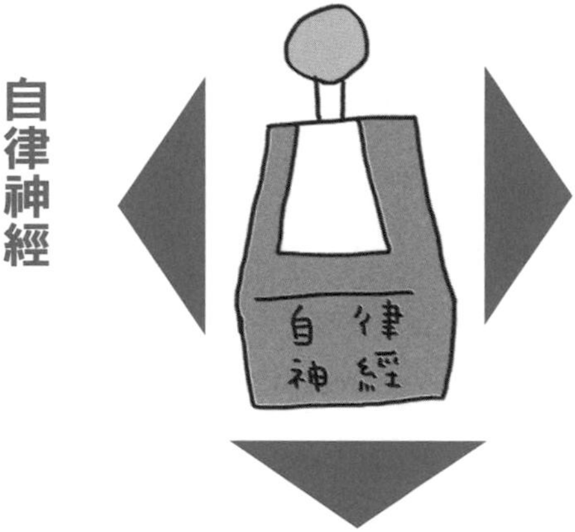

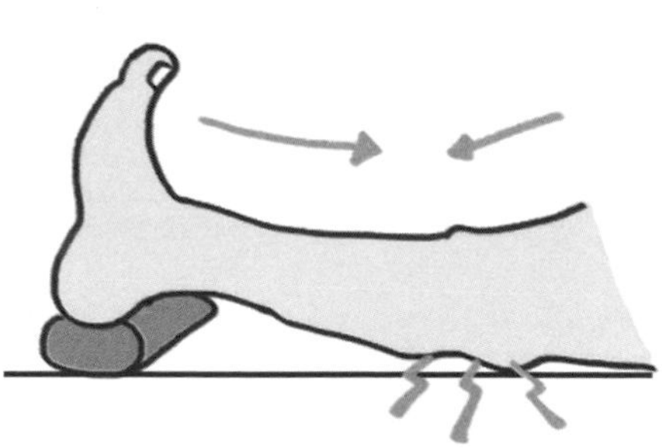

當重心偏移至腳後跟，膝蓋過度反弓的「反弓膝蓋」出現，來自地面的多餘衝擊力和扭曲壓力會直接傳至頸部，導致頸部變形，自律神經失調。

因扭傷、挫傷來接受治療的患者中，也有些患者已被醫生診斷為「憂鬱傾向」或「自律神經失調」。

像這樣被診斷為「憂鬱傾向」或「憂鬱症」的人，基於心理問題或工作上的壓力等因素，持續好幾年服藥治療。

心理問題或工作上的壓力確實會是病因，但從整體來看，這些原因應該只佔一成而已。

其實根據我的判斷，剩下九成屬於腳和頸部異常所引起的「憂鬱傾向」，我稱為「足頸性憂鬱症」，乃是與「頸部亞急性挫傷」有關的症狀。

因為當交通意外使得頸部挫傷時，在頸部疼痛的同時，會出現相同的憂鬱傾向。

因腳趾上翹或拇趾外翻而腳底歪斜時，走路時腳尖會往外側滑移，變成「扭曲步行」，導致腿型歪斜。

當頸部歪斜，來自地面的多餘衝擊力和扭曲壓力會不斷傳至歪斜嚴重的頸椎部位，導致頸椎變形，進而使得自律神經作用失調。

自律神經失調症狀中，有一項會以「憂鬱傾向」呈現。其實現代醫學還無法特定這項隱藏性原因，所以才稱之為「輕度憂鬱」或「非定型憂鬱」、「假性憂鬱」。

重點是，這種憂鬱症的治療方法與一般憂鬱症不一樣。因為在於腳和頸部，必須進行「調整腳底至全身的重力平衡」的施術作業。

為何我敢這麼說，因為被診斷為憂鬱症的人當中，有98%以上腳部異常，針對這些人進行「調整腳底至全身的重力平衡」整脊術，都有明顯改善，這就是最佳證據。

我希望能有更多人認清這項事實。

11 下巴異常的「顳顎關節症候群」也與腿歪斜有關！

■顳顎關節症■

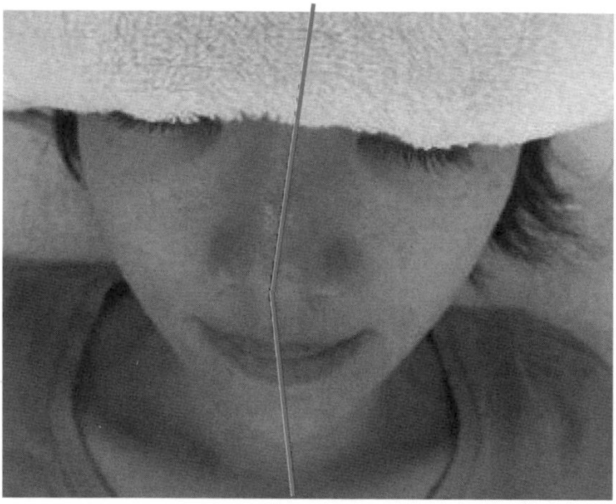

鼻樑與下巴線條移位

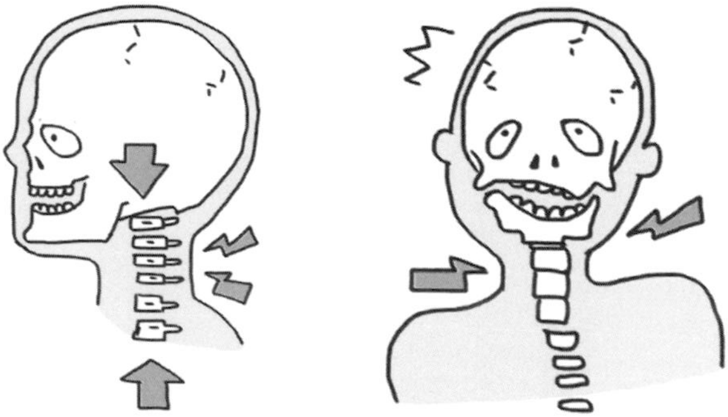

腳底不穩導致「扭曲步行」，除了會引發O型腿，來自地面的壓力會直接傳至背骨至頭部的部位，引起下巴歪斜。

顳顎關節症是下巴關節周圍不適症狀的總稱，就算想將嘴巴張得很大，嘴巴卻僵硬至無法張開，或是張合嘴巴時會出現咯咯的聲音，或是關節和肌肉疼痛，持續出現「下巴挫傷症狀」。通常會是左右兩邊其中一邊發生的機率高，孩童和高齡者比較少見，特徵是好發於女性身上。

顳顎關節症好發於女性身上的原因之一是因為，多數女性有腳底異常（不穩）的問題。

拇趾外翻或腳趾上翹等腳底異常症狀，左右腳的異常狀況是不一樣的，所以會變成左右腳的走路方式不同。為了彌補腳底不穩，頸椎就會歪斜或變形，甚至影響至下巴。鼻樑與下巴線條移位，導致左右臉型不一樣，就是這個原因。

第二個理由是，女性身體為了安全生產，天生關節較淺，而且肌肉也比較脆弱。

因此，就跟拇趾外翻或腳趾上翹等問題好發於女性身上的理由一樣，因為女性身體要承受更多的重力，才會容易出現顳顎關節症。

加上「扭曲步行」引起的槓桿原理，腳底異常（不穩）會變成施力點，脊椎最上面的頸椎變成支撐點，顎關節變成作用點，於是下巴移位，引發顳顎關節症。

這時候，頸椎和顎關節都已變形或歪斜。因為扭曲步行導致腓骨和大轉子突出，變成O型腿的人，反而容易罹患「顳顎關節症」。

磨牙是為了彌補腳底不穩而出現的身體防禦本能，所以才會在晚上睡覺時磨牙。

此外，齒列不佳或下巴發育不良等症狀，先天因素只佔一成，受傷或意外等後天因素也是佔一成，生活環境因素也是佔一成，其他七成都是跟腳底異常有關。

12 老年人的O型腿，隱藏著不為人知的「膝蓋結節」症狀！

一般人可能沒聽過「結節」這個病症，這是手指甲下面第一個關節變粗變形，或骨頭隆起的症狀。

提出這項研究報告的人是英國醫師希伯登（Heberden），所以又稱為「希伯登氏結節」（Heberden's Node）。

特別好發於年滿三十歲的女性身上。五十歲以後，約是每三十人就有一人有結節症狀，這是常見的疾病，但是知道的人並不多。

當症狀惡化，手指會橫向彎曲，取物時，手指會凸出。一般人都知道結節會出現於手上，其實腳、膝蓋、腰、頸等關節處也會出現結節。

現況是大家對於這些結節症狀一無所知，但是卻有很多人罹患這樣的症狀。

這個症狀跟風濕症一樣，骨頭會變形、磨損、還會疲勞性骨折。

如果是足結節，腳底的免震功能會明顯下降，加上因為左右腳走路姿勢不同，就會出現來自地面的壓力，基於槓桿原理，最後變成O型腿。

此外，還會引發嚴重的變形性膝關節症，或膝蓋積水。

如果是膝蓋結節，情況與一般的膝蓋痛不同，關節會特別脆弱，容易變形，所以必須固定，否則無法治好。

重點就是要提早發現、提早治療，並且務必搭配第三章介紹的「紗布綳帶固定法」（參考P70）。

膝蓋結節與變形性膝關節症

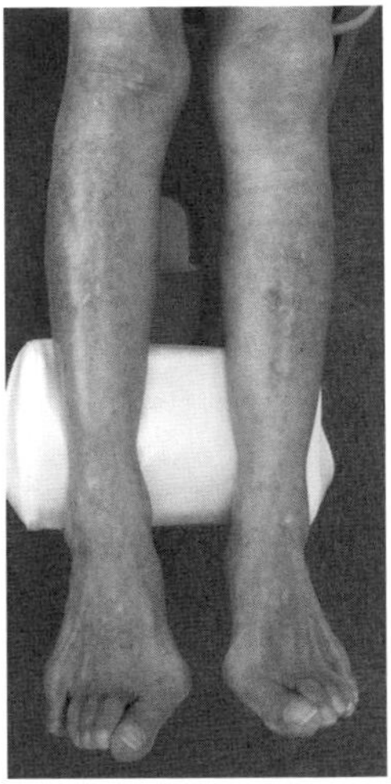

▼70歲女性（膝蓋結節導致拇趾外翻、變形性膝關節症）

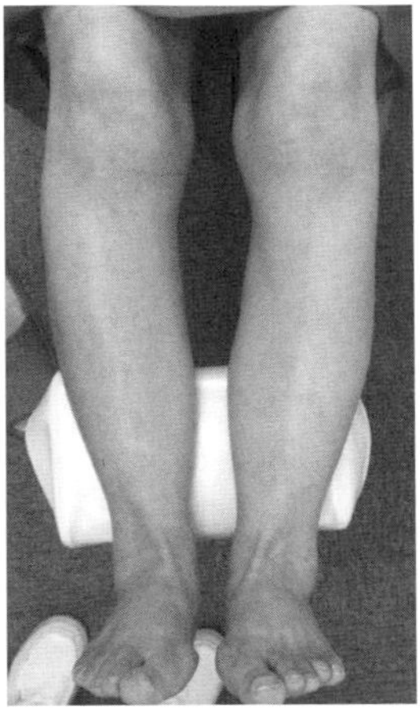

▼50歲女性（膝蓋結節導致拇趾外翻、變形性膝關節症）

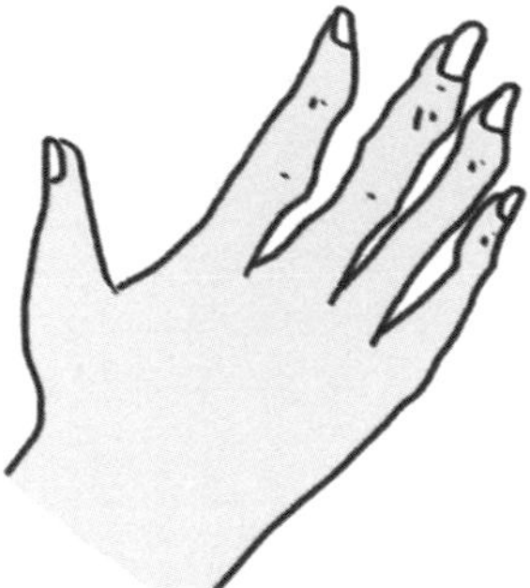

手指出現結節的特徵「指尖關節變粗」。

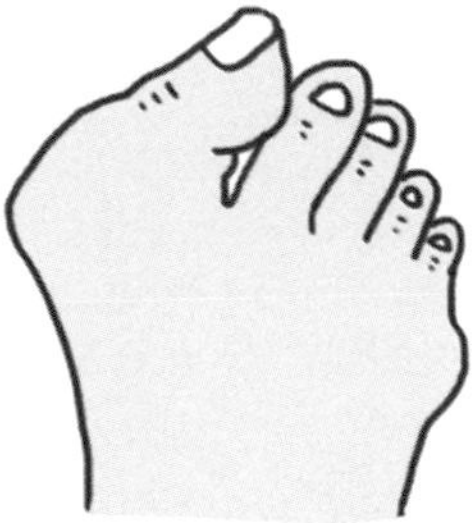

膝蓋結節的話，通常腳拇趾會反向扭曲、變形。

後記

請勿輕忽腿型不正，恐正在侵襲你的身體！

看到這裡，大家應該都已經知道，腿型不正的人，身體會出現各種不適症狀。女性身體的肌力原本就比男性弱，加上關節淺，很容易受到重力影響，導致身體失衡。

來自地面的壓力（多餘衝擊力和扭曲壓力）會直接傳至身體各部位，導致身體歪斜，也會引發腳、膝蓋、腰部、頸部疼痛，以及身體不適。另外，就美觀而言，會導致下半身肥胖。

各位看整脊中心、脊骨神經醫學中心、反射療法中心、按摩中心的患者中，女性佔大多數，這就是最佳證據。所以，如果不清楚根本原因，就算做再多治療也是枉然。

總之，多數女性腳底有拇趾外翻或腳趾上翹等問題，這就是導致腿型歪斜的原因，根本改善之道務必從矯正人體底座的「腳底」開始。

換句話，拇趾外翻或腳趾上翹等腳底異常症狀或O型腿，可做為女性健康或美容的測量方法。

所以，千萬不要以為「不過是O型腿」、「只是腳底有問題」而輕忽，務必找出現在身體不適症狀的根本原因，希望各位能透過本書，讓身體不適感有所改善。

台灣廣廈國際出版集團
Taiwan Mansion International Group

國家圖書館出版品預行編目（CIP）資料

腿型回正：改變10萬人の不痠痛直腿密技！骨科權威名醫教你，O型腿、X型腿都能自癒！/笠原巖作；黃瓊仙譯. -- 新北市：瑞麗美人 ,2016.12
面； 公分.
譯自：O脚は治る!：ひざ締めと歩き方でたちまち改善
ISBN 978-986-93097-7-6（平裝）
1.醫療保健 2.腿
425.2 105016668

瑞麗美人

腿型回正：改變10萬人の不痠痛直腿密技！骨科權威名醫教你，O型腿、X型腿都能自癒！

作　　者／笠原巖
譯　　者／黃瓊仙
插　　畫／楊章君Carrie
編輯中心編輯長／張秀環・編輯／蔡沛恩
封面設計／何偉凱・內頁排版／亞樂設計有限公司
製版・印刷・裝訂／皇甫彩藝印刷有限公司

行企研發中心總監／陳冠蒨
媒體公關組／陳柔彣
整合行銷組／陳宜鈴
綜合業務組／何欣穎

發 行 人／江媛珍
法律顧問／第一國際法律事務所 余淑杏律師・北辰著作權事務所 蕭雄淋律師
出　　版／台灣廣廈有聲圖書有限公司
地址：新北市235中和區中山路二段359巷7號2樓
電話：（886）2-2225-5777・傳真：（886）2-2225-8052

全球總經銷／知遠文化事業有限公司
地址：新北市222深坑區北深路三段155巷25號5樓
電話：（886）2-2664-8800・傳真：（886）2-2664-8801
網址：www.booknews.com.tw（博訊書網）
郵政劃撥／劃撥帳號：18836722
劃撥戶名：知遠文化事業有限公司（※單次購書金額未達500元，請另付60元郵資。）

■初版日期：2016年12月
ISBN：978-986-93097-7-6
■初版12刷：2023年12月12刷

O KYAKU WA NAORU!
HIZA SIME TO ARUKI KATA DE TACHIMACHI KAIZEN